C.H.BECK **WISSEN**

in der Beck'schen Reihe

Helmuth Schneider bietet in diesem Buch einen sehr gut verständlichen, informationsreichen und gleichwohl konzisen Überblick über Bedeutung und Entwicklung der Technik und der Technologie in der Antike. Nach einer Skizze der Ursprünge antiker Technik in Ägypten und im Alten Orient rückt er die griechische und die römische Kultur ins Zentrum seiner Darstellung. Er beschreibt technische Entwicklungen im Bereich der Landwirtschaft und der Weiterverarbeitung landwirtschaftlicher Produkte, des Bergbaus und der Metallurgie, des Handwerks, der Baukunst, des Transportwesens, der Infrastruktur, der Kommunikation, der Mechanik und der Zeitmessung, des Militärwesens sowie die theoretische Auseinandersetzung mit der Technologie in der entsprechenden Fachliteratur.

Helmuth Schneider lehrt als Professor für Alte Geschichte an der Universität Kassel. Er ist einer der Herausgeber des *Neuen Pauly* und hat zahlreiche einschlägige Veröffentlichungen zur Geschichte der antiken Technik vorgelegt.

Helmuth Schneider

GESCHICHTE DER ANTIKEN TECHNIK

Verlag C. H. Beck

Für Alexander Demandt

Mit 18 Abbildungen

Originalausgabe

Gesamtherstellung: Druckerei C. H. Beck, Nördlingen
Umschlagabbildung: Pont du Gard, Nîmes.
Photo: akg-images/Schütze/Rodemann
Umschlaggestaltung: Uwe Göbel, München
Printed in Germany
ISBN 978 3 406 53632 8

www.beck.de

Inhalt

6 Einführung
13 Technik und Techniker in der Antike
21 Die Ursprünge der antiken Technik – Ägypten und der Alte Orient
26 Muskelkraft, Wasserkraft und Brennstoffe – Die Energiequellen der Antike
31 Die Landwirtschaft
43 Des Bodens größter Schatz – Die Metalle
49 Ein notwendiges Element – Das Salz
51 Das antike Handwerk
66 Vom Architrav zum Bogen – Die Bautechnik
72 Das Transportwesen
82 Die Infrastruktur
97 Die Kommunikation – Schrift und Buch
100 Die Mechanik und die Zeitmessung
110 Die Technik des Militärwesens
116 Das technische Wissen der Antike – Die technologische Fachliteratur
120 Ein Ausblick – Die Epochen der antiken Technikgeschichte

123 Zeittafel
124 Weiterführende Literatur
126 Bildnachweis
127 Register

Einführung

Die Antike als Epoche der Technikgeschichte

In der Gegenwart besteht Einigkeit darüber, dass Produktion, Verkehr und Kommunikation in den modernen Industriegesellschaften grundlegend von der Technik und von technischen Innovationen bestimmt sind; Datenverarbeitung und die großen technischen Systeme wie die Versorgungsnetze für Wasser, Energie und Information gewinnen weiterhin an Bedeutung. Unter dem Eindruck der Relevanz technischen Wandels in der Gegenwart hat die Geschichtswissenschaft sich stärker der Technikgeschichte zugewandt; dabei hat sich die Einsicht durchgesetzt, dass auch die Technik der vormodernen Agrargesellschaften ein wichtiges Thema historischer Forschung darstellt. In neueren technikhistorischen Arbeiten wird Technik allgemein so definiert, dass der Begriff nicht nur für die Industriegesellschaften, sondern auch für die vormodernen Gesellschaften Gültigkeit beanspruchen kann: Im Verständnis der modernen Techniktheorie umfasst Technik – allgemein formuliert – solche Artefakte, Sachsysteme, Verfahren und menschliche Handlungen, die nutzenorientiert zur Gewinnung und Umwandlung von Stoffen sowie zur Herstellung von Artefakten eingesetzt werden.

Obgleich die Industrielle Revolution als eine tiefe Zäsur in der Menschheitsgeschichte zu begreifen ist und die vorangegangenen Gesellschaften insgesamt als vorindustrielle Agrargesellschaften charakterisiert werden können, bleibt es eine wichtige Aufgabe der Technikgeschichte, eine präzise Periodisierung der technischen Entwicklung vorzunehmen und die Epochen der Technikgeschichte unter technischen Aspekten voneinander abzugrenzen. Hierbei ist es möglich, sich an der Existenz technischer Systeme zu orientieren. Die in einer Epoche verwendeten Werkzeuge oder Geräte und die in der Produktion angewendeten Verfahren existieren keineswegs unabhängig voneinander, sondern weisen enge wechselseitige Beziehungen auf. Die Einsicht in diesen Zusammenhang verschiedener technischer Bereiche besaß in der Antike bereits Platon, der in seinen Dialogen ‹Politeia› und ‹Politikos› darauf hinweist, dass ein Handwerker die Werkzeuge für ein anderes Handwerk herstellt, so etwa der Tischler das Weberschiffchen, das in der Textilherstellung verwendet wird. Selbst die Landwirtschaft liefert nach Platon nicht nur Lebensmittel für die Bevölkerung, sondern auch Arbeitstiere etwa für die Fuhrleute. Die Technik einer Epoche stellt damit ein Ensemble von Werkzeugen, Geräten, Installationen und Verfahren dar, das als technisches System aufgefasst werden kann. Wenn die Antike als eine Epoche der Technikgeschichte verstanden werden soll, ist es notwendig, zunächst die wesentlichen Merkmale der antiken Technik zu beschreiben und zwischen der antiken Technik und der Technik früherer und späterer Epochen klar zu differenzieren.

Als ein grundlegendes Kennzeichen der antiken Technik muss die Dominanz der Landwirtschaft genannt werden, deren Produktivität so gering war, dass etwa achtzig Prozent der Menschen auf dem Lande arbeiten mussten, um für sich und die übrige Bevölkerung Nahrungsmittel und andere Agrarerzeugnisse zu produzieren. Ferner sind in diesem Zusammenhang auch die Energiequellen, die einer Gesellschaft zur Verfügung stehen, von Relevanz. In der Antike handelte es sich vorrangig um die menschliche und die tierische Muskelkraft; die Nutzung der Wasserkraft setzte erst im frühen Principat (seit Augustus, 27 v. Chr.–14. n. Chr.) ein und blieb weitgehend auf das Mahlen des Getreides beschränkt. Daneben lieferte die Verbrennung von Holz und von Holzkohle die thermische Energie für die Zubereitung von Nahrung und für verschiedene Arbeitsprozesse im Handwerk, so für die Metallverarbeitung oder für das Brennen von Keramik. Als drittes wesentliches Merkmal ist die Verwendung der Werkzeuge zu erwähnen. Die antike Technik war eine Handwerkszeug-Technik: In der Produktion arbeitete der Handwerker mit einfachen Werkzeugen oder einfachen mechanischen Instrumenten; mit dem Werkzeug wirkte der Handwerker unter Aufwendung eigener Muskelkraft auf den Arbeitsgegenstand ein und formte ihn entsprechend seiner Vorstellung von dem fertigen Produkt. Unter den Metallen, die in der Antike in großem Umfang verarbeitet wurden, sind Kupfer und Bronze sowie Eisen zu nennen.

Im Mittelalter, das wie die Antike agrarisch geprägt war und sich in dieser Hinsicht strukturell kaum von der Antike unterscheidet, wurden gegenüber der Antike bedeutende technische Fortschritte erzielt: Durch die Verbesserung des Transmissionsmechanismus, durch die Konstruktion der Nockenwelle, war es möglich geworden, die Rotationsbewegung des Wasserrades in eine hin- und hergehende Bewegung oder in eine Stampfbewegung umzuwandeln; auf diese Weise konnte die Wasserkraft für völlig verschiedenartige Arbeitsprozesse genutzt werden, etwa zum Zerkleinern von Erz, zum Betrieb von Blasebälgen bei der Verhüttung, zur Wasserhaltung in Bergwerken, zum Walken von Tuchen oder zum Ziehen von Draht. Die Mühle, die Produktionsstätte, die mit Wasserkraft arbeitete, fand im Gewerbe des Mittelalters eine weite Verbreitung. Ein weiterer Fortschritt war in der Metallurgie und in der Feinmechanik mit der Konstruktion von Uhren gegeben, die durch den Gewichtszug in Bewegung gesetzt wurden. Zudem ist auch in der Landwirtschaft ein Innovationsschub feststellbar; so hat die Einführung der Dreifelderwirtschaft – der Wechsel von einem zweijährigen Anbau verschiedener Feldfrüchte mit einjähriger Brache – und die Verwendung verbesserter Ackergeräte die Produktivität im Agrarbereich deutlich erhöht. Diese Innovationen haben die Technik so weit verändert, dass eine klare Unterscheidung von antiker und mittelalterlicher Technik möglich ist.

Die antike Technik hat viele Errungenschaften Ägyptens und des Vorderen Orients übernommen. Obgleich in Ägypten und Mesopotamien im Bereich der Skulptur, der Monumentalarchitektur und der Infrastruktur eminente technische Leistungen vollbracht wurden, legen die späteren technischen Entwicklungen in Griechenland und Rom durchaus eine Abgrenzung zur Technik des Alten Orients nahe. Die weit verbreitete Verarbeitung von Eisen, neue Produktionsmethoden in der Keramikherstellung, neue Verfahren in der Glasherstellung, die Anwendung neuer Verfahren im Bauwesen, die Verwendung neuer Baumaterialien und die Entwicklung der einfachen mechanischen Hilfsmittel zu leistungsfähigen Instrumenten rechtfertigen es, der antiken Technik eine Eigenständigkeit gegenüber der Technik der älteren Kulturen des Alten Orients zuzuschreiben.

Aufgrund dieser Feststellungen kann der historische Ort der antiken Technik präzise erfasst werden: Die vorindustrielle Agrargesellschaft war in der Zeit des Neolithikums, der Jungsteinzeit, entstanden, ein Vorgang, der oft auch als «neolithische Revolution» bezeichnet wird. Die Menschen gingen zwischen 10 000 und 8000 v. Chr. in Vorderasien dazu über, ihre Nahrungsmittel durch Getreideanbau und Tierhaltung zu produzieren; damit war auch die Entwicklung handwerklicher Techniken verbunden: Damals begannen die Menschen, aus Ton Keramikgefäße herzustellen und aus Wolle Kleidung zu fertigen. Mit der Sesshaftigkeit ging der Hausbau einher, und die zunehmende Beherrschung des Feuers und der kontrollierte Umgang mit hohen Temperaturen führten dazu, dass dann auch Metalle, zunächst Kupfer, verarbeitet werden konnten. Mit diesen Entwicklungen waren die Voraussetzungen für die Entstehung von Hochkulturen in den großen Stromtälern Ägyptens und Mesopotamiens gegeben, und auf diesen Errungenschaften beruhte auch die griechische und römische Zivilisation.

Die Agrargesellschaften hatten Bestand bis zum Beginn der Industrialisierung, die durch den grundlegenden Wandel der Produktion, durch die Entstehung des Fabriksystems und durch die Durchsetzung der Marktwirtschaft die tradierten sozialen und wirtschaftlichen Verhältnisse einem fortdauernden Prozess der Veränderung unterwarf. In diesem Rahmen kann die Antike als eine wichtige Epoche der Technikgeschichte bewertet werden, eine Epoche, die auf der Grundlage der älteren Zivilisationen des Vorderen Orients die technischen Möglichkeiten in großem Umfang erweiterte und damit das Fundament für weitere technische Fortschritte im mittelalterlichen und frühneuzeitlichen Europa legte.

Ein Tatbestand verdient an dieser Stelle Beachtung: Die Entwicklung der antiken Technik war mit der Entstehung einer Begrifflichkeit für den Bereich technischen Handelns verbunden, und noch die moderne Terminologie leitet sich zumindest partiell von griechischen und lateinischen Begriffen ab. So stammt das neuzeitliche Wort ‹Technik› vom griechischen *techne* ab, mit dem zunächst verschiedene Zweige des Handwerks bezeichnet wurden; das Wort erscheint bereits in den Epen Homers im Zusammenhang mit der Arbeit des Schmiedes oder des Zimmermanns.

Bodenschätze, Böden, das Klima und das Meer – Die naturräumlichen Voraussetzungen der antiken Technik

Die technische Entwicklung einer Gesellschaft ist immer auch durch die naturräumlichen Gegebenheiten bedingt, mit denen diese Gesellschaft konfrontiert ist. Wirtschaftliche Aktivitäten und technische Innovationen können als eine Antwort auf die Herausforderungen der natürlichen Umwelt, auf das Klima und die natürlichen Ressourcen eines Raumes, begriffen werden. Diese Feststellung trifft insbesondere auf die prämodernen Agrargesellschaften zu, denen die technischen Mittel zur umfassenden Beherrschung der Natur fehlten. So wurde die Entwicklung der antiken Technik in hohem Maße von den geographischen Bedingungen des mediterranen Raumes beeinflusst, insbesondere von den Möglichkeiten, die dieser Raum der agrarischen Nutzung, der Gewinnung und Verarbeitung von Rohstoffen sowie dem Transport und dem Austausch bietet.

Das mediterrane Klima war in der Antike für den Anbau deswegen ungünstig, weil im Sommer eine langandauernde Trockenheit herrscht, während der Winter hohe Niederschlagsmengen bringt, eine Folge der zahlreichen von Westen nach Osten ziehenden Tiefdruckgebiete. Bedingt durch die als Barriere wirkenden Gebirge in Italien und Griechenland nehmen die Niederschlagsmengen von Westen nach Osten deutlich ab. Da im Sommer viele Flüsse austrocknen, war in dieser Jahreszeit an eine künstliche Bewässerung von Feldern nicht zu denken. Der Getreideanbau musste sich an diese Bedingungen anpassen: Im Trockenfeldbau fand die Aussaat im Herbst vor Beginn der Regenzeit statt, geerntet wurde vor Eintritt der Dürreperiode. Da die Niederschlagsmengen stark schwanken, kam es aufgrund von Trockenheit relativ häufig zu Missernten. Die Entscheidung über den Anbau war in hohem Maße von den vorherrschenden Witterungsverhältnissen abhängig: Weizen benötigt eine höhere Niederschlagsmenge als Gerste, während der Ölbaum die sommerliche Trockenheit noch in solchen Gebieten übersteht, in denen ein Getreideanbau kaum möglich ist.

Die Böden im Mittelmeerraum sind vorwiegend nährstoff- und humusarm; unter dieser Voraussetzung gewann die Düngung der Böden eminent an Bedeutung. Allerdings gibt es auch einige Gebiete mit ungewöhnlich fruchtbaren Böden; es handelt sich hierbei um Alluvialböden (Schwemmland) in den Flusstälern – hier ist das Tal des Baetis (heute Guadalquivir) in Südspanien zu nennen – oder um Böden vulkanischen Ursprungs wie in Etrurien und in der Umgebung des Vesuv am Golf von Neapel oder des Ätna auf Sizilien. Neben den Gebieten mit eher schwierigen Bedingungen für die Landwirtschaft existieren also einzelne Regionen mit vergleichsweise hohen Ernteerträgen.

Die Anbaufläche des Mittelmeerraums ist durch die Gebirge, die an vielen Stellen unmittelbar hinter der Küste ansteigen, stark begrenzt. Es war nicht möglich, an den steilen Hängen Getreide anzubauen, und Ölbäume konnten in höheren Lagen nicht gepflanzt werden, da sie frostempfindlich sind und schon bei mäßigem längeren Frost eingehen. Die Gebirgsräume konnten unter diesen Umständen wirtschaftlich nicht intensiv genutzt werden, sie dienten allenfalls der Produktion von Holzkohle, der Pechherstellung oder im Sommer der extensiven Wanderweidewirtschaft (Transhumanz).

Die Metallvorkommen sind im Mittelmeerraum extrem ungleich verteilt. Die erdgeschichtlich jungen Kalksteingebirge besitzen nur wenige Bodenschätze; die Lagerstätten von Erzen, aus denen Edelmetall gewonnen werden konnte, konzentrieren sich im Gebiet der erdgeschichtlich älteren Massive, zu denen im östlichen Mittelmeerraum das Rhodopen-Kykladen-Massiv gehört, das von Thrakien über Attika bis zur Insel Siphnos reicht und große Gold- und Silbervorkommen besaß. Auf der Iberischen Halbinsel gab es reiche Edelmetallvorkommen im Nordwesten, im Südwesten und an der Mittelmeerküste in der Umgebung von Cartagena; Zypern war ein Zentrum der Kupfergewinnung. Eisenerze können in vielen Regionen des Mittelmeerraumes abgebaut werden; allerdings hing die Qualität des Eisens stark von der Zusammensetzung des Eisenerzes ab, so dass Eisen von hoher Qualität nur aus wenigen Lagerstätten kam. Das Fehlen von Zinnvorkommen im Mittelmeerraum stellte die antike Metallurgie vor ein schwieriges Problem, denn Zinn ist notwendig, um Bronze, eine Kupfer-Zinn-Legierung, herzustellen, die wesentlich besser zu verarbeiten ist als reines Kupfer.

Aufgrund der geographischen Gegebenheiten des Mittelmeerraumes waren die antiken Gesellschaften nicht autark; einzelne Städte, Völker oder Herrscher waren auf den Austausch mit anderen Regionen angewiesen. Unter dieser Voraussetzung kam es zu einem Aufschwung des Handels im gesamten mediterranen Raum. Das Meer, das eigentliche Zentrum des mediterranen Raumes, hatte die Funktion einer natürlichen Infrastruktur; es verband die verschiedenen Küsten und Länder miteinander. Die Seefahrt wurde durch mehrere Faktoren begünstigt: Die hohen Berge in Küstennähe sowie die vielen Inseln haben die Orientierung auf See erleichtert, und der wolkenlose Himmel ermöglichte es, bei Nacht zu segeln, indem man die Fahrtrichtung an den Sternen ausrichtete. Das Meer bestimmte auch den Rhythmus von Wirtschaft und Kommunikation im Mittelmeerraum; im Winter musste wegen der Stürme die Seefahrt eingestellt werden, und damit ruhten auch Handel und Verkehr.

Der mediterrane Raum bot der Bevölkerung so insgesamt sicherlich gute Lebensbedingungen, aber die mageren Böden und die vorwiegend geringen landwirtschaftlichen Erträge, die ungleiche Verteilung der Metallvorkommen, die Gebirge, die wirtschaftlich nur extensiv genutzt werden konnten, und die erheblichen klimatischen Schwankungen bedeuteten für Griechen und Römer zugleich eine erhebliche Herausforderung bei dem Versuch, ihre Existenz zu sichern.

Technik und Techniker in der Antike

Das technische Handeln und die Nutzung der Natur im antiken Denken

Wie die Technik einer Zivilisation sich entwickelt, ist neben den Ressourcen des Naturraumes von weiteren Faktoren abhängig; die Formen der Herrschaftsausübung und die Gesellschaftsstruktur haben ebenso wie religiöse Überzeugungen Auswirkungen auf die materielle Produktion. Entscheidend ist darüber hinaus, ob in einer Gesellschaft technisches Handeln als solches überhaupt wahrgenommen wird und wie technische Kompetenz und der Gebrauch von Werkzeugen bewertet werden. Da technisches Handeln immer auch eine Einwirkung auf die Natur impliziert, ist die Einstellung einer Gesellschaft zur Natur für die Bewertung der Technik ebenfalls von Belang.

Es ist ein auffallender Tatbestand, dass bereits in den ältesten Texten der griechischen Literatur technisches Handeln thematisiert und die Funktion der Technik reflektiert wird. In der ‹Ilias› schildert Homer, wie der Gott Hephaistos in seiner Schmiede arbeitet und für Achill eine Rüstung herstellt. Die Eroberung Trojas gelingt den Griechen schließlich nur durch den Bau eines monumentalen hölzernen Pferdes, in dem sie sich verstecken und so in die Stadt eindringen. Homer schreibt besonders Odysseus große technische Fähigkeiten zu; um die Insel der Nymphe Kalypso verlassen zu können, baut Odysseus sich ein Boot, in der Konfrontation mit dem Kyklopen Polyphem setzt er sich aufgrund seiner technischen Fertigkeiten gegen den Stärkeren durch, und in einer Schlüsselszene des Epos, in der Penelope nach zwanzigjähriger Trennung Odysseus als ihren Gatten wiedererkennt, spielt die Erzählung, wie Odysseus sein Schlafgemach und sein Bett im Palast auf Ithaka verfertigt hat, eine entscheidende Rolle. Das technische Geschick des Hephaistos wiederum wird in einem Lied betont, das ein Sänger auf der Insel der Phäaken vorträgt: Der Gott schmiedet feine, unsichtbare Fesseln, mit deren Hilfe er seine Gemahlin, die Liebesgöttin Aphrodite, und Ares beim Ehebruch auf dem gemeinsamen Lager zu binden vermag. Die herbeigeholten Götter kommentieren dies mit den Worten, der Langsame, nämlich der lahme Hephaistos, habe den schnellen Ares durch technisches Können *(techne)* gefangen. Mit der Anwendung der technischen Hilfsmittel ist bei Homer eine Täuschung des Stärkeren verbunden; in der frühen griechischen Literatur besteht also eine enge Verbindung zwischen Technik und List.

Technisches Handeln wird in den Epen Homers dadurch legitimiert, dass Göttinnen und Götter wie Athene und Hephaistos als Schöpfer kostbarer Artefakte und als Lehrer der handwerklichen Fertigkeiten *(technai)* auftreten. So verleiht Athene Penelope, aber auch den Frauen der Phäaken die Fähigkeit, Stoffe zu weben, sie erscheint als Lehrerin eines Zimmermanns und hilft dem Helden Epeios bei dem Bau des hölzernen Pferdes; in dem Homerischen Hymnos auf Hephaistos erhalten solche Erzählungen über das Wirken der Götter eine neue Wendung, indem die Gabe der Technik den Menschen, die zuvor wie die Tiere gelebt haben, überhaupt erst ein menschenwürdiges Leben ermöglicht:

Mit Athene, der eulenäugigen Göttin,
lehrte er herrliche Werke die Menschen auf Erden, die früher
hausten wie Tiere in Höhlen der Berge. Doch jetzt in der Lehre
jenes ruhmvollen Künstlers Hephaistos lernten sie schaffen,
bringen sie leicht ihre Zeit dahin bis zum Ende des Jahres,
leben in Ruhe und Frieden in ihren eigenen Häusern.

(Übersetzung von A. Weiher)

Diese Sicht der Technik wird vor allem im Rahmen des Prometheus-Mythos thematisiert, der sich bereits bei Hesiod findet. In den Gedichten Hesiods (um 700 v. Chr.) erscheint der Raub des Feuers durch Prometheus noch ganz unter dem Aspekt der Ernährung: Das Feuer ist notwendig, um Fleisch zuzubereiten, und daher steht auch der Streit um die Verteilung des Opferfleisches am Anfang des Mythos.

In der Dichtung und in der Philosophie der klassischen Zeit (500–323 v. Chr.) wird dem Prometheus-Mythos dann ein neuer Sinn gegeben: In der Tragödie des Aischylos (ca. 525–455 v. Chr.) hat der Titan Prometheus den Menschen nicht nur das Feuer gebracht, sondern auch die wichtigen Kulturtechniken wie die Kenntnis von Schrift und Zahl; darüber hinaus hat er die Menschen alle grundlegenden Techniken *(technai)* gelehrt, die in einem großen Monolog aufgezählt werden, darunter das Anspannen der Tiere, die Schifffahrt sowie die Metallverarbeitung. Der Monolog schließt mit der selbstbewussten Feststellung, alle Techniken *(technai)* kommen den Sterblichen von Prometheus her. Bei Aischylos sind die Gaben des Prometheus allerdings insofern noch ambivalent, als Prometheus gegen den Willen des Zeus gehandelt hat und dafür auch bestraft wird.

Platon (429–347 v. Chr.) bewertet in dem Dialog ‹Protagoras› die Technik unter dem Aspekt der Natur des Menschen: Die Schöpfung der Lebewesen, die die Götter Epimetheus – dem Bruder des Prometheus – anvertraut haben, ist misslungen, da der Mensch anders als die Tiere in seiner natürlichen Umwelt nicht zu überleben vermag und seine Existenz gefährdet ist. Prononciert drückt Platon dies in der Wendung aus, der Mensch sei «nackt, unbeschuht, unbedeckt und unbewaffnet». In dieser Notlage bringt Prometheus den Menschen das Feuer und zugleich die technische Intelligenz *(entechnos sophia)*, die ihn befähigen soll, das Feuer zu nutzen. Damit ist der Mensch zwar in der Lage, sich Wohnungen, Kleider, Schuhe, Decken und Nahrungsmittel zu verschaffen, aber isoliert lebend kann er sich nicht gegen die Tiere behaupten. Das technische Können allein befähigt nach Platon die Menschen noch nicht zu einem Zusammenleben in Städten; deswegen gewährt Zeus ihnen noch Scham und Rechtsempfinden (*aidos* und *dike*).

Der Position Platons, die *technai* seien wegen der mangelhaften Ausstattung der Menschen notwendig, hat später Aristoteles (384–322 v. Chr.) widersprochen; er weist darauf hin, dass der Mensch aufgrund seines aufrechten Ganges Hände erhalten habe, die geeignet sind, die Funktion verschiedenartiger Werkzeuge wahrzunehmen; damit aber ist der Mensch nach Aristoteles aufgrund seiner Anatomie und seiner Intelligenz allen anderen Lebewesen überlegen. Das Gefühl dieser Überlegenheit des Menschen fand bereits in der Tragödie einen klassischen Ausdruck: In der ‹Antigone› des Sophokles (ca. 497–406 v. Chr.) beschreibt der Chor, wie der Mensch alle Tiere in ihrem ureigenen Lebensraum überwindet. Der Mensch fängt die Vögel in der Luft, mit Netzen die Fische im Meer, und er legt den Stieren des Gebirges das Joch auf.

Der Ackerbau ist das Thema des Demeter-Mythos. In einem Hymnos aus archaischer Zeit (700–500 v. Chr.) wird erzählt, wie Demeter – die Göttin der Fruchtbarkeit und des Getreides – aus Trauer über den Raub ihrer Tochter Persephone, die von Hades in die Unterwelt verschleppt worden war, das Getreide auf den Feldern verkümmern ließ, so dass das Überleben der Menschen gefährdet war. Erst aufgrund der Intervention des Zeus konnte Persephone für zwei Drittel eines jeden Jahres aus der Unterwelt auf die Erde zurückkehren. In diesem Zeitraum ließ Demeter dann das Getreide wieder wachsen, und zugleich wurden Opfer für die Göttin eingerichtet. Indem die Fruchtbarkeit des Landes und der Anbau des Getreides auf göttlicher Vereinbarung beruhen, sind sie für die Menschen auch auf Dauer gesichert, und die Bearbeitung der Felder ist durch die der Göttin dargebrachten Opfergaben religiös legitimiert.

Die Frage nach dem Verhältnis des Menschen zu seiner natürlichen Umwelt wurde dann auch in den philosophischen Texten des 4. Jahrhunderts v. Chr. erörtert. So hat Xenophon (ca. 430–355 v. Chr.) in den ‹Memorabilia›, einer Schrift, die Gespräche des Sokrates wiedergibt, die These formuliert, die Götter hätten die Welt für den Menschen geschaffen und so eingerichtet, dass sie möglichst nützlich für ihn sei. Die Erde gewährt vor allem die Nahrung, die der Mensch benötigt. Dem Einwand, das günstige Klima, die Jahreszeiten, der Sonnenschein sowie der Wechsel von Tag und Nacht seien auch von Vorteil für die anderen Lebewesen, wird entgegengehalten, auch die Tiere seien des Menschen wegen da; diese Sicht wird mit dem Hinweis darauf begründet, dass die Tiere Milch, Käse und Fleisch liefern und dem Menschen als Arbeitstiere dienen.

Aristoteles hat derartige Auffassungen geteilt; zu Beginn der ‹Politik› äußert er die Ansicht, «dass die Pflanzen um der Tiere willen und die Tiere um der Menschen willen da sind, die zahmen sowohl zum Gebrauch als auch zur Nahrung und von den wilden, wenn nicht alle, so doch die meisten zur Nahrung und zum sonstigen Lebensbedarf, um Kleidung und Gerätschaften von ihnen zu gewinnen.» Diese Passage schließt mit einer Aussage, die dem Menschen entschieden das Verfügungsrecht über seine natürliche Umwelt zugesteht: «Denn wenn die Natur nichts zwecklos und vergebens tut, so ist hiernach notwendig anzunehmen, dass sie selber dies alles der Menschen wegen gemacht hat.»

In der stoischen Philosophie, die eine vernünftige Schöpfung der Welt postulierte und die später von den politischen Eliten des Imperium Romanum rezipiert wurde, gilt die Nutzung der Erde durch den Menschen ebenfalls als legitim. Cicero gibt die Lehre der Stoiker in seiner Schrift ‹de natura deorum› (Über die Natur der Götter) mit folgenden Worten wieder: «Ebenso hat der Mensch die völlige Herrschaft über alle Güter der Erde: Wir ziehen Nutzen aus den Feldern und dem Gebirge, uns gehören die Flüsse und Seen, wir säen Getreide und pflanzen Bäume; wir leiten Wasser auf unsere Ländereien und machen sie dadurch fruchtbar, wir dämmen Flüsse ein, bestimmen ihren Lauf und leiten sie ab; ja wir versuchen, mit unseren Händen inmitten der Natur gleichsam eine zweite Natur zu schaffen.»

Es hat allerdings auch religiöse Vorbehalte und philosophische Einwände gegen technisches Handeln gegeben. Oft werden in diesem Zusammenhang Äußerungen des Historikers Herodot (ca. 484–424 v. Chr.) zitiert, der Kritik am Perserkönig Xerxes übt, weil dieser eine Brücke über den Hellespont errichten und einen Kanal durch die Halbinsel Athos bauen ließ, um so den Vormarsch seines Heeres und die Fahrt seiner Flotte zu erleichtern. Bisweilen wird auch ein bei Herodot erwähntes Orakel angeführt, in dem die Knidier unter Hinweis auf Zeus aufgefordert werden, den Bau eines Kanals, der die Halbinsel vom Festland abgetrennt hätte, einzustellen. Es sollte dabei nicht übersehen werden, dass Herodot den einige Jahre früher von Dareios veranlassten Bau der Brücke (513 v. Chr.) über die Meerenge zwischen Europa und Asien beschreibt, ohne einen solchen Einwand zu äußern. Der Grieche, der den Brückenbau geleitet hatte, wird namentlich genannt, und das Epigramm, in dem Mandrokles sich dieser Leistung rühmt, wörtlich zitiert. Der Tunnel, den Eupalinos im 6. Jahrhundert v. Chr. auf Samos für eine Wasserleitung anlegen ließ, gehörte nach Herodot ebenso wie die Hafenmole zu den bedeutenden Bauwerken der Insel. Auch hier wird die Veränderung der natürlichen Landschaft nicht kritisch gesehen; für Herodot generell eine technikkritische Einstellung anzunehmen, ist daher kaum möglich.

Eine grundlegende Kritik an der menschlichen Zivilisation und damit auch an allen technischen Errungenschaften übten die Kyniker; Diogenes (ca. 412–321 v. Chr.), der Begründer dieser philosophischen Richtung, forderte die Bedürfnislosigkeit und den Verzicht auf den Gebrauch aller seiner Meinung nach überflüssigen Artefakte. Obgleich solche Anschauungen sich auch in stoischen Texten, etwa bei Seneca, finden lassen, handelte es sich doch um eine Außenseiterposition, die die Einstellung der antiken Gesellschaft zur Technik und die technische Entwicklung nicht wirklich zu beeinflussen vermochte.

In der Antike wurde technischen Leistungen große Bewunderung entgegengebracht: Bereits im Epos staunt Odysseus über den Hafen, die Schiffe und die Stadt der Phäaken, und der Katalog der Sieben Weltwunder umfasst vor allem technisch aufwendige Bauwerke. Auch außerhalb dieses Katalogs wurden Bauwerke, darunter Nutzbauten wie etwa die Hafenmole von Puteoli, in Geschichtswerken und Gedichten gerühmt, und Plinius der Ältere glaubte, es gäbe auf der ganzen Erde nichts Bewundernswerteres als die Wasserleitungen der Stadt Rom. Bereits in Griechenland wurde oft die Frage gestellt, wer eine Sache zuerst erfunden habe, und in Rom wurden später, etwa von Plinius dem Älteren, regelrechte Kataloge von Erfindern zusammengestellt. Diese Zeugnisse sind ein deutliches Indiz für eine in der antiken Gesellschaft vorherrschende positive Einstellung dem technischen Handeln und der Technik gegenüber.

Bauern, Handwerker und Techniker

In einer Darstellung der antiken Technik ist auch die Frage zu stellen, ob es eine Gruppe von Technikern gab, die als Träger des technischen Fortschritts und damit als technische Elite zu bezeichnen sind. Dabei ist auch zu klären, in welcher Weise solche technischen Eliten sich von der großen Masse der Bauern und Handwerker unterschieden.

In vorindustriellen Gesellschaften sind die Bauern kaum unter dem Aspekt technischen Handelns wahrgenommen worden, obwohl sie Geräte wie den Pflug, den Dreschschlitten oder die Sichel verwendeten und bestimmte Verfahren, etwa beim Anbau oder bei der Düngung der Felder, nutzten. Bauern handelten oft aufgrund von Erfahrungswissen und hielten an den tradierten Geräten und Verfahren fest. Großgrundbesitzer hingegen waren technischen Neuerungen gegenüber eher aufgeschlossen, sie besaßen die finanziellen Spielräume, um neue Geräte anzuschaffen oder neue Verfahren zu erproben. Das Wissen, das notwendig war, um möglichst hohe Erträge zu erzielen, wurde in der Fachliteratur zur Landwirtschaft systematisch dargestellt. Bereits Aristoteles erwähnt derartige Schriften, ihren Höhepunkt fand diese Literatur im 1. Jahrhundert n. Chr. in Columellas Handbuch über die Landwirtschaft (‹de re rustica›). Die Agrartechnik ist auf diese Weise zu einem wichtigen Thema der Fachliteratur geworden, und in dieser Tatsache ist eine wichtige Voraussetzung für die technischen Fortschritte in der antiken Landwirtschaft zu sehen.

Das Handwerk wird in der frühen griechischen Literatur durch den Hinweis auf den Gebrauch von Werkzeugen, die Bearbeitung von Material und die Herstellung von Artefakten charakterisiert. In der griechischen Sprache wird handwerkliche Tätigkeit als *techne* bezeichnet, das Handwerk war im griechischen Denken der exemplarische Fall technischen Handelns. Es gibt zahlreiche Zeugnisse dafür, dass Handwerker in der antiken Gesellschaft ein recht geringes Ansehen besaßen und teilweise sogar verachtet wurden. Xenophon hat die Argumente gegen die handwerkliche Tätigkeit, die in der griechischen Literatur als banausisch gekennzeichnet wird, im ‹Oikonomikos› zusammengefasst: Das Handwerk schade dem Körper, da der Handwerker gezwungen sei, still zu sitzen und im Innern des Hauses zu arbeiten, bisweilen sogar in der Nähe des Feuers; mit der Verweichlichung des Körpers gehe wiederum eine Willensschwäche einher, die diese Menschen unfähig mache, ihr Land zu verteidigen. Bei Aristoteles erscheint dieselbe Denkstruktur: In der ‹Politik› wird die Tätigkeit als banausisch qualifiziert, die dem Körper am meisten schadet. Auch bei Cicero findet sich in ‹de officiis› (Über die Pflichten) ein Katalog von Berufen, in dem die körperliche Arbeit negativ bewertet wird.

Die Handwerker selbst haben dieses abwertende Urteil nicht geteilt; so haben Vasenmaler auf attischer Keramik im 6. und 5. Jahrhundert v. Chr. Handwerker bei der Arbeit dargestellt, ohne dass eine negative Sicht der handwerklichen Arbeit erkennbar ist. Auch die Grabsteine und Grabreliefs römischer Handwerker sprechen eine deutliche Sprache: Das Handwerk des Verstorbenen wird in der Inschrift stolz genannt, das Relief zeigt ihn in seiner Werkstatt bei der Arbeit. Handwerker waren durchaus zu Innovationen fähig, wie etwa die Entwicklungen in der Glasproduktion zeigen, aber dennoch waren sie nicht mit den technischen Eliten im engeren Sinn identisch.

In einer neueren Darstellung zur Geschichte der Ingenieure wird diese Berufsgruppe wie folgt bestimmt: Es handelt sich um diejenigen Personen, die «in den jeweiligen historischen Zeiten in verantwortlichen Positionen anspruchsvolle technisch-organisatorische Aufgaben lösten» (W. Kaiser/W. König). In der Antike waren die Architekten und die Mechaniker die Personengruppe, die dieser Definition am ehesten entspricht.

Der Bau der monumentalen Tempel, der ein entscheidender Auslöser für die technische Entwicklung im archaischen Griechenland war, trug auch zur Schaffung neuer Organisationsstrukturen bei, denn solche Großprojekte bedurften einer kompetenten technischen Leitung. Bei der Errichtung dieser Tempel hatten die Architekten – die Bezeichnung entspricht dem griechischen Wort *architekton* – nicht nur die Aufgabe, das Gebäude zu entwerfen, sondern sie mussten auf der Baustelle eine

Vielzahl von technischen Problemen bewältigen. Damit gewannen die Architekten ein erhebliches Selbstbewusstsein, das in ihren Schriften Ausdruck fand.

Im Hellenismus traten schließlich die Mechaniker an die Seite der Architekten; sie analysierten die Wirkung der mechanischen Instrumente – Hebel, Keil, Rolle, Winde und Schraube – und konnten aufgrund ihres mathematischen Wissens und ihrer Kenntnis der Naturphänomene ältere Geräte verbessern oder neue Geräte entwerfen. Mechaniker waren auf vielen Feldern der zivilen Technik tätig; die Konstruktion von Wasserhebegeräten, die Verbesserung der Pressen oder die Erfindung der Schraube sind ihrem Ingenium zu verdanken; die von ihnen konstruierten Automaten dienten den Repräsentationszwecken der hellenistischen Könige. Im militärischen Bereich arbeiteten die Mechaniker vor allem an einer Verbesserung der Katapulte.

Aristoteles hat zwischen den Handwerkern und den Architekten eine klare Unterscheidung getroffen; nach Meinung des Aristoteles beruhte die Kenntnis der Handwerker auf Erfahrung, die Architekten aber besaßen eine wirkliche Einsicht in ihr Handeln und waren so in der Lage, die Gründe für ein bestimmtes technisches Vorgehen anzugeben. Eine Darstellung der antiken Technik hat also immer die Tatsache zu berücksichtigen, dass es neben der auf Erfahrungswissen und Routine beruhenden Arbeit der Bauern und Handwerker auch die Kompetenz technischer Eliten gab, die fähig waren, technische Probleme auf hohem Niveau zu reflektieren und kreativ zu lösen.

Die Ursprünge der antiken Technik – Ägypten und der Alte Orient

Das antike Griechenland war in der archaischen Zeit (8.–5. Jahrhundert v. Chr.), in der die Grundlagen der griechischen Zivilisation geschaffen wurden, keineswegs von anderen Ländern, Völkern und Kulturen im östlichen Mittelmeerraum isoliert, sondern entwickelte sich in enger Berührung mit den Kulturen Ägyptens und des Alten Orients. Ferner ist daran zu erinnern, dass Griechenland bereits in der Bronzezeit ein kulturelles Zentrum gewesen ist, das enge Beziehungen zu Ägypten und zum Orient besessen hat. Die Mykenische Kultur verfügte im 2. Jahrtausend v. Chr. über ein beachtliches technisches Potential, das in den Metallarbeiten ebenso wie in den monumentalen, aus Naturstein errichteten Burgen zum Ausdruck kam. Nach den umfangreichen Zerstörungen und Umwälzungen im gesamten östlichen Mittelmeerraum während des 12. Jahrhunderts v. Chr. bestand keine Kontinuität kultureller Entwicklung in Griechenland, vielmehr waren wichtige Errungenschaften des Handwerks – etwa der Metallverarbeitung und der Keramikproduktion – sowie grundlegende Zivilisationstechniken wie die Schrift verloren gegangen.

Die Griechen selbst waren sich der Tatsache bewusst, dass sie viele ihrer Zivilisationstechniken Ägypten und dem Orient zu verdanken hatten. So hat der griechische Historiker Herodot in dem langen Exkurs über Ägypten und die ägyptische Kultur darauf hingewiesen, dass die Geometrie, deren Entstehung er auf die Notwendigkeit jährlicher Landvermessung nach der Nilüberschwemmung zurückführt, aus Ägypten nach Griechenland gekommen war und die Einteilung des Tages in zwölf Stunden sowie die Sonnenuhr von den Babyloniern übernommen worden waren. An anderer Stelle erwähnt Herodot, dass die Phoiniker die Schrift nach Griechenland gebracht haben.

Herodot hat die zivilisatorischen und technischen Leistungen der Ägypter ausführlich gewürdigt; seiner Meinung nach haben sie als erste den Kalender mit zwölf Monaten von je dreißig Tagen und mit fünf Schalttagen eingeführt, Tempel errichtet und Statuen aus Stein geschaffen. Die Gründung des ägyptischen Reiches unter dem ersten Pharao Menes ist in der Darstellung Herodots mit technischen Leistungen, mit der Regulierung des Nils, der Trockenlegung von Land, der Gründung einer Stadt und dem Bau eines Heiligtums, verbunden; der Errichtung der Pyramiden widmet Herodot ebenfalls einen längeren Abschnitt. Der Blick des Griechen richtete sich in der Konfrontation mit der älteren, überlegenen Zivilisation gerade auch auf deren technische Leistungen.

Als die Griechen im 7. und 6. Jahrhundert v. Chr. nach Ägypten kamen, existierte die ägyptische Kultur bereits seit rund zweieinhalbtausend Jahren. Im Niltal standen zahlreiche seit dem frühen 3. Jahrtausend errichtete Grabanlagen – unter ihnen die Pyramiden – sowie die monumentalen Tempel, und in den Heiligtümern befanden sich riesige Statuen von Göttern und Pharaonen, während es in Griechenland damals weder Tempel aus Stein noch lebensgroße Statuen gab. Die Griechen sahen sich in Ägypten mit einer alten, hoch entwickelten Kultur konfrontiert, und sie rezipierten wesentliche Elemente dieser Kultur, so im Kuros die ägyptische Skulptur oder im Bereich der Architektur den Tempel aus Stein.

Angesichts der beeindruckenden Bauwerke und Skulpturen im Niltal darf nicht übersehen werden, dass die Ägypter bereits im frühen 3. Jahrtausend v. Chr. die Schrift entwickelt hatten. Landwirtschaft und Handwerk waren im Niltal seit dieser Zeit hoch entwickelt: Grundlage der Ernährung war der Anbau von Getreide, der bereits mit dem Einsatz tierischer Muskelkraft verbunden war, denn Rinder zogen seit dem 3. Jahrtausend v. Chr. den Pflug. Für die Bewässerung der Felder hat man Wasserhebegeräte wie das *Schaduf* verwendet, so dass die Anbaufläche über das von der Nilschwelle erreichte Land hinaus ausgedehnt werden konnte. Nach der Ernte hat man das Getreide mit einfachen Reibemühlen gemahlen. Erzeugnisse des Gartenbaus sowie Fleisch und Fisch ergänzten die Nahrung. Die Kleidung bestand vorwiegend aus Leinenstoffen, die aus den Fasern des Flachses verfertigt wurden. Die Keramikproduktion war schon in vordynastischer Zeit verbreitet, seit dem frühen 3. Jahrtausend v. Chr. wurde zum Formen der Gefäße die Töpferscheibe verwendet. Seit dem Alten Reich sind Artefakte aus Kupfer bekannt, das auf dem Sinai und in Nubien abgebaut wurde. Gold galt als das wertvollste Metall; es wurde vornehmlich für Götterbilder und für die Ausstattung von Gräbern, aber auch für Schmuck gebraucht. Metall wurde in vielen Fällen gegossen, teilweise hat man Bleche in Kaltarbeit getrieben.

Der Nil diente als Verkehrsweg für die Verwaltung des Landes und für den Transport und Austausch von Gütern; die Ägypter setzten auf dem Nil große Schiffe ein, die stromaufwärts gesegelt werden konnten; das Rahsegel wurde über eine Querstange am Mast – die Rah – gespannt. Wagen spielten im Landtransport keine Rolle, erst im Neuen Reich (zweite Hälfte des 2. Jahrtausends v. Chr.) kam der zweirädrige Streitwagen auf, der im Krieg und bei der Jagd Verwendung fand. Schwere Lasten, Steinblöcke oder ganze Statuen aus Stein, wurden auf Schlitten gezogen oder mit Hilfe von Rollen vorwärtsbewegt. Als herausragende Leistung der Ägypter kann sicherlich die Errichtung der monumentalen Bauwerke, insbesondere der Pyramiden, gelten. Dabei mussten auch die Probleme der Arbeitsorganisation bewältigt werden; es war der Einsatz Hunderter und Tausender von Menschen zu planen und ihre Versorgung sicherzustellen.

Die Kontakte der Griechen mit Ägypten sind insbesondere durch den Handel, durch Söldner und durch einzelne Aristokraten zustande gekommen. In Naukratis, das im westlichen Nildelta lag, ist die Präsenz von Griechen seit dem späten 7. Jahrhundert nachweisbar. Diese Siedlung entwickelte sich im 6. Jahrhundert zu einem wichtigen Handelsplatz für die Kaufleute zahlreicher griechischer Städte. Die Anwesenheit griechischer Söldner im Süden Ägyptens ist durch griechische Inschriften am Tempel von Abu Simbel belegt. Zudem besuchten Aristokraten wie Solon aus Athen Ägypten und lernten die Literatur und Religion des Landes kennen.

Neben den Kontakten zu Ägypten bestanden auch Beziehungen der Griechen zu Syrien und damit zu den Kulturen des Alten Orients. An der Mündung des Orontes hatten Griechen eine Handelsniederlassung gegründet, die ein wichtiges Zentrum des Austauschs zwischen dem Ägäisraum und dem Orient gewesen zu sein scheint. Wie die Beschreibung Herodots zeigt, kannten die Griechen die Stadt Babylon, die an Größe und Pracht alle damals existierenden griechischen Städte übertraf. Ähnlich wie in Ägypten entstand auch in Mesopotamien in der Zeit um 3000 v. Chr. mit der Schriftlichkeit und der Anlage von Bewässerungssystemen eine hoch entwickelte Zivilisation.

Wichtige Vermittler zwischen den Kulturen im Orient und im östlichen Mittelmeerraum waren die Phoiniker; sie begegnen bereits in den Epen Homers als Händler, die mit ihren Schiffen weite Seefahrten unternehmen. Sie gründeten auch in Griechenland eine Reihe von Handelsniederlassungen; Herodot berichtet, die Phoiniker hätten auf Kythera, der Insel südlich der Peloponnes, einen Tempel errichtet, auf Thasos ein Bergwerk betrieben und seien mehrere Generationen lang auf Thera ansässig gewesen. Die Übernahme der phoinikischen Schrift durch die Griechen war deswegen für die kulturelle Entwicklung ein entscheidendes Faktum, weil diese Schrift anders als die Keilschrift im Orient oder die Hieroglyphen in Ägypten nur wenige Zeichen besaß und daher nicht das Spezialwissen von bürokratischen Eliten blieb, sondern vielen Menschen zugänglich war.

Die Griechen selbst waren frei und unabhängig, als sie in der archaischen Zeit die überlegenen Kulturen Ägyptens und des Orients kennen lernten; die Errungenschaften des Ostens wurden den Griechen nicht von einer fremden Macht aufgezwungen, sondern sie konnten sich diese Errungenschaften in der Begegnung mit den anderen Kulturen in einem Lernprozess aneignen und sie dann selbständig weiter entwickeln. Diesen Vorgang hat ein Autor aus dem Umkreis Platons mit den Worten beschrieben, die Griechen hätten das, was sie von den Barbaren übernommen hätten, schließlich zu etwas Schönerem gemacht.

Die archaische Epoche war eine Zeit ständiger technischer Verbesserungen; neben den Kontakten mit der östlichen Welt war dabei auch der Prozess der Polisbildung, die Tendenz der Urbanisierung der griechischen Welt, von entscheidender Bedeutung. Die Bautätigkeit in den Städten und in den panhellenischen Heiligtümern, die Aufstellung von Götterstatuen, die Anforderungen der Wasserversorgung, der Bau von Häfen und der Handel mit entfernten Regionen, die wachsende Neigung der griechischen Aristokratie, ihren Lebensstil zu verfeinern und dabei dem Ideal körperlicher Schönheit Ausdruck zu verleihen, gaben dabei die entscheidenden Impulse für die Entwicklung einer technischen Kompetenz, die zur Entstehung des technischen Systems der Antike führte.

Muskelkraft, Wasserkraft und Brennstoffe – Die Energiequellen der Antike

Die Energieversorgung hat in den modernen Industriegesellschaften eine größere Bedeutung gewonnen, als sie in den prämodernen Gesellschaften je hatte; in der Gegenwart wird Energie in der Produktion, im Verkehr und in den Haushalten für Antriebsmaschinen, für Verbrennungsmotoren und für Haushaltsgeräte benötigt; unter diesen Voraussetzungen besteht ein hoher Energiebedarf und eine starke Abhängigkeit der Wirtschaft von der Bereitstellung der Energie.

Da in der Antike die Produktion nur in sehr geringem Maß mechanisiert war und der Handwerker nicht Maschinen bediente, sondern mit einem Werkzeug arbeitete, wurde über die menschliche Muskelkraft hinaus wenig zusätzliche Energie benötigt. Dasselbe gilt für die Landwirtschaft, in der ebenfalls viele Arbeiten von Menschen mit einfachen Geräten verrichtet wurden. Auch im Transportwesen und im Verkehr hatte die menschliche Muskelkraft eine Bedeutung, die nicht unterschätzt werden sollte: Viele Güter wurden innerhalb der Städte und auf dem Land von Menschen befördert; es gibt viele Vasenbilder von Menschen, die große Fische oder eine Amphore tragen; einziges Hilfsmittel ist dabei eine Stange, die auf die Schulter gelegt und mit der Hand gehalten werden konnte. Es ist ferner darauf hinzuweisen, dass auch Wasser über lange Strecken, nämlich vom Brunnen oder Brunnenhaus bis zum Haushalt, transportiert werden musste; in den griechischen Städten war dies meist Aufgabe der jungen Frauen, die das Wasser über weite Entfernungen in Tongefäßen auf dem Kopf getragen haben.

In den Häfen haben Lastträger, die die Schiffe entluden, große Mengen von Gütern an Land zu den Speicheranlagen gebracht. Welche Mengen an Getreide in einem Hafen wie Portus an der Tibermündung umgeschlagen wurden, wird daraus ersichtlich, dass allein für die bürokratisch organisierte Getreideverteilung in Rom, die *annona*, mehr als 60 000 Tonnen Weizen, die vor allem aus den Provinzen Africa und Aegyptus kamen, im Jahr benötigt wurden. 60 000 Tonnen Getreide entsprechen etwa 1,2 Mio. Sackladungen, die auf dem Hafengelände zu transportieren waren. Ähnliches gilt auch für den Transport von Baumaterial; so sind die Ziegel für die monumentalen öffentlichen Gebäude der Principatszeit (27 v. Chr.–284 n. Chr.) auf den Baustellen in großem Umfang von Menschen befördert worden.

Neben den Menschen sind die Arbeitstiere zu erwähnen, die in der Landwirtschaft und beim Gütertransport eingesetzt wurden. Ochsen waren für den wichtigsten Arbeitsvorgang bei der Feldbestellung, für das Pflügen, das den Boden für die Aussaat vorbereiten sollte, unentbehrlich; für das Dreschen des Getreides verwendete man ebenfalls Ochsen und bisweilen auch andere Huftiere. Für den Gütertransport wurden bis zur Spätantike sehr häufig Lasttiere eingesetzt, die Güter auf ihren Rücken trugen. Meist handelte es sich um Esel oder Maultiere; so ist belegt, dass Esel oft zum Transport von Brennholz verwendet wurden. Besonders Kleinbauern waren auf Esel angewiesen, denn diese Tiere waren extrem anspruchslos in der Haltung. In den östlichen Provinzen des Imperium Romanum ist auch das Dromedar als Tragtier verbreitet gewesen. Die Wagen wurden vor allem von Ochsen oder Maultieren gezogen, in römischer Zeit erscheinen auch zunehmend von Pferden gezogene Fuhrwerke.

Die menschliche oder tierische Muskelkraft diente auch als Antrieb; die Töpferscheibe wurde von einem jungen Gehilfen des Töpfers bewegt, und Menschen haben die Treträder von Kranen in Drehung versetzt und auf diese Weise schwere Lasten gehoben. Die großen Wasserräder, die in den Bergwerken zur Wasserhaltung dienten, mussten ebenso wie die Wasserhebegeräte, die in Ägypten für die Bewässerung eingesetzt wurden, beständig von Menschen in Gang gehalten werden. Als die einfache Mühle, deren oberer Mühlstein von einem Menschen hin- und herbewegt wurde, durch die Rotationsmühle abgelöst wurde, ging man dazu über, Tiere für das Mahlen von Getreide zu verwenden. Der Mensch befreite sich so von einer schweren und monotonen körperlichen Arbeit. Im römischen Ägypten existierte ferner ein Schöpfwerk, das von Ochsen bewegt werden konnte. Die *Sakije* bestand aus einer Eimerkette, an deren Welle ein senkrechtes Zahnrad befestigt war. Ein zweites, waagerechtes Zahnrad wurde von einem oder zwei Ochsen gedreht; dadurch wurde auch das senkrechte Zahnrad und damit die Eimerkette in Bewegung gesetzt.

Die Möglichkeit, die Wasserkraft als Antrieb zu nutzen, entdeckte man wahrscheinlich zuerst im Kontext von Bewässerungsanlagen; ein Wasserschöpfrad, das an einem Fluss installiert war, wurde von der Strömung angetrieben, wenn der Radkranz mit Schaufeln versehen war. Im Fall der Wassermühle, die durch die Beschreibung bei Vitruv für die augusteische Zeit belegt ist, diente das Wasserrad dann nur noch als Antrieb, die Rotationsbewegung wurde über ein Winkelgetriebe auf den horizontalen Mühlstein übertragen. Aufgrund der schwierigen Quellenlage ist es nicht möglich zu klären, inwieweit die Wasserkraft auch zu anderen Zwecken als dem Mahlen von Getreide genutzt wurde. Bei dem spätantiken Dichter Ausonius findet sich immerhin ein Hinweis auf eine wassergetriebene Marmorsäge in der Nähe von Trier. Den wenigen Versen ist aber nicht zu entnehmen, wie dieses Sägewerk konstruiert war. Die Aussage des Ausonius ist aber glaubwürdig; wie archäologische Funde belegen, ist Marmor in dieser Gegend nachweislich mechanisch geschnitten worden.

Die Nutzung der Wasserkraft muss als eine bahnbrechende technische Innovation bewertet werden. Sie ermöglichte es erstmals, die Muskelkraft von Menschen oder Tieren durch eine Naturkraft zu ersetzen. Die Beschränkung der Nutzung der Wasserkraft auf den Betrieb von Getreidemühlen ändert nichts an der historischen Bedeutung dieser Neuerung, denn das Mahlen von Getreide war notwendig, um aus Mehl Brot, das wichtigste Grundnahrungsmittel, backen zu können

In der Antike war bereits bekannt, dass thermische Energie in Bewegung umgewandelt werden konnte. So wurde der Effekt, durch Erhitzung von Wasser eine Bewegung auszulösen, im Hellenismus für die Konstruktion von Automaten genutzt. Heron beschreibt in der ‹Pneumatik› eine Reihe von Automaten dieser Art, es sind allerdings keine Bemühungen erkennbar, diesen Effekt in irgendeiner Weise wirtschaftlich zu nutzen. Es ist allerdings fraglich, ob dies bei dem Stand der Metallurgie überhaupt möglich gewesen wäre.

Trotz dieser Einschränkungen hatte die Nutzung der thermischen Energie in der Antike wirtschaftlich eine nicht geringe Bedeutung; durch Verbrennung erzeugte hohe Temperaturen waren im Gewerbe erforderlich, um Erz zu verhütten, Metall zu bearbeiten, Brot zu backen, Keramik zu brennen oder Glas zu blasen. Außerdem waren große Mengen an Brennstoff für die Produktion von Baumaterial erforderlich; als Baustoff verwendeter Kalk etwa wurde durch Brennen von Kalkstein im Kalkofen gewonnen. Der Bedarf der Ziegeleien an Brennstoff stieg stark an, als seit dem späten 1. Jahrhundert n. Chr. zunehmend gebrannte Ziegel als Baumaterial für die zahlreichen öffentlichen Monumentalbauten in Rom und in anderen Städten verwendet wurden. Große Mengen an Brennstoff wurden ferner in den Thermen benötigt, deren Heißwasserräume und Schwitzräume entsprechend temperiert werden mussten. Nicht zuletzt sind auch die Haushalte zu erwähnen, in denen das Essen durch Braten oder Kochen zubereitet wurde.

Als Brennstoffe dienten vor allem Holz und Holzkohle; bereits Theophrast hat in seinen Schriften zur Botanik Bäume sowie Holz vor allem unter dem Aspekt ihrer technischen Verwendung gesehen und den Brennstoffen längere Ausführungen gewidmet. Gegenüber dem Holz besaß Holzkohle eine Reihe von Vorteilen: Sie hat einen erheblich höheren Heizwert als Holz, sie ist leichter als Holz und lässt sich daher gut transportieren. Zudem verbrennt Holzkohle mit einer nur geringen Rauchentwicklung, da bei ihrer Herstellung im Schwelbrand Feuchtigkeit und Gase bereits entwichen sind. Die Verwendung von Kohle als Brennstoff ist vor allem für die Provinz Britannia bezeugt, wo Kohle in oberflächennahen Lagerstätten abgebaut werden konnte.

Holzkohle wurde durch einen Schwelbrand in Holzkohlenmeilern hergestellt, die auf einem Platz mit einem ebenen, festen

Boden aus glattem Stammholz eng aufgeschichtet und dann mit einer Erdschicht luftdicht abgeschlossen wurden. In einem mehrtägigen Brand, der ständig überwacht werden musste, um die Entstehung eines offenen Feuers zu verhindern, wurde der Kohlenstoffanteil von ca. 50% (Holz) auf etwa 80–90% (Holzkohle) erhöht. Vor allem in abgelegenen Waldgebieten wurde auf diese Weise Holzkohle produziert. Für die Produktion der Holzkohle wurde das Holz junger Bäume, die an trockenen Plätzen geschlagen worden waren, bevorzugt; alte Bäume galten als zu trocken. Für verschiedene Arbeitsprozesse wurde jeweils eine spezielle Holzkohle aus einem bestimmten Holz verwendet.

Der Brennstoffverbrauch in der Antike war insgesamt beträchtlich und hatte daher nicht geringe Auswirkungen auf die Umwelt. Stärker als der Bedarf an Bauholz oder an Schiffbauholz hat der Verbrauch von Holz als Brennstoff die Wälder der Antike geschädigt. Versuche mit rekonstruierten Schmelzöfen der Provinz Britannia erbrachten Ergebnisse, die das Ausmaß des Verbrauchs von Holzkohle bei der Verhüttung von Eisenerzen verdeutlichen: Um aus 90 Kilogramm Erz neun Kilogramm Eisen zu gewinnen, benötigte man 120 Kilogramm Holzkohle, in einem anderen Fall erhielt man aus 50 Kilogramm Erz bei einem Verbrauch von 40 Kilogramm Holzkohle acht Kilogramm Eisen. Dabei ist zu berücksichtigen, dass man für die Erzeugung von 40 Kilogramm Holzkohle etwa 150 Kilogramm Holz benötigte. Da der Wald zudem als Viehweide beansprucht wurde, konnte er sich nur schwer oder überhaupt nicht regenerieren. Für die Zeit der Republik ist dieser Fall auf der Insel Elba eingetreten; hier wurde das geförderte Eisen solange verhüttet, bis dafür schließlich kein geeignetes Holz mehr zu finden war und das Erz zur Verhüttung nach Populonia auf das Festland gebracht werden musste. Der englische Althistoriker J. F. Healy hat geschätzt, dass allein für die Metallgewinnung im Imperium Romanum jährlich die Rodung von über 5000 Hektar Wald notwendig war.

Die Landwirtschaft

Die Landwirtschaft prämoderner Gesellschaften

Der technische Wandel seit Beginn der Industriellen Revolution veränderte nicht nur grundlegend die Agrartechnik, sondern hatte auch insofern Rückwirkungen auf die Landwirtschaft, als die industrielle Produktion in vielen Bereichen der Wirtschaft Aufgaben übernahm, die zuvor die Landwirtschaft erfüllt hatte. Es darf nicht vergessen werden, dass die prämoderne Landwirtschaft neben Nahrungsmitteln auch eine Vielzahl weiterer Erzeugnisse lieferte, die für Bauern oder Gutsbesitzer durchaus von hohem wirtschaftlichen Wert sein konnten.

Einige Beispiele sollen dies verdeutlichen: Die Rinderzucht, die gegenwärtig vorrangig der Fleischproduktion und der Milchwirtschaft dient, hatte bis zur Frühen Neuzeit wesentlich die Funktion, Ochsen als Arbeitstiere aufzuziehen, die dann in der Landwirtschaft und im Transportwesen eingesetzt wurden. Die Zucht von Maultieren diente demselben Zweck. Bei der Pferdezucht ging es darum, Pferde als Reittiere einerseits für das Militärwesen und andererseits für den zivilen Bereich zu liefern. Die Nachfrage nach Pferden war dabei deutlich vom Prestigedenken der begüterten Oberschicht bestimmt, die sich die kostspielige Haltung von Pferden leisten konnte. Mobilität wird demgegenüber in den modernen Industrienationen durch die industrielle Produktion von Kraftfahrzeugen gesichert. Die Landwirtschaft hat außerdem die Rohstoffe für die Textilherstellung geliefert, nämlich die Schafzucht Wolle und der Flachsanbau Leinen. Eine Beschäftigung mit der antiken Agrartechnik schließt die Produktion von Gütern ein, die in der gegenwärtigen Welt kaum noch mit der Landwirtschaft in Verbindung gebracht werden.

In einer Darstellung der antiken Landwirtschaft ist zu berücksichtigen, dass die Agrarverhältnisse in den verschiedenen Regionen des Mittelmeerraumes sich durchaus unterschiedlich entwickelt haben. Ferner muss stets zwischen der bäuerlichen Wirtschaft und dem Großgrundbesitz unterschieden werden. Die kleinbäuerliche Wirtschaft war bis zu einem bestimmten Ausmaß von der Subsistenzproduktion bestimmt und allenfalls in lokale Märkte eingebunden, während die Produktion auf dem Großgrundbesitz, auf dem sicherlich auch Nahrungsmittel für den Eigenbedarf, so für die Versorgung der Sklaven, erzeugt wurden, wesentlich auf die lokalen und überregionalen Absatzmärkte und damit auf einen gewinnbringenden Verkauf der Erzeugnisse ausgerichtet war. Die Einstellung zu technischen Innovationen war sehr unterschiedlich; während Bauern und Kleinbauern in der Regel an den tradierten Geräten und Verfahren festhielten, standen Großgrundbesitzer dem Einsatz effizienterer Geräte und neuer Verfahren oft aufgeschlossen gegenüber. In den Texten der Agrarschriftsteller ist ein Interesse an Neuerungen in der Landwirtschaft erkennbar. Die Sklavenarbeit auf den großen Gütern hat die Einführung von neuen Geräten und Verfahren keineswegs verhindert. Es muss auch damit gerechnet werden, dass einzelne Geräte oder Verfahren nur eine regionale Verbreitung hatten, Neuerungen sich nur in bestimmten Regionen oder nur auf dem Großgrundbesitz durchsetzten und dass neben neuen Geräten und Verfahren weiterhin die älteren tradierten Geräte und Verfahren verwendet wurden. Gerade in der Landwirtschaft gab es keinen einheitlichen technischen Standard, der sich in der ganzen griechischen Welt oder in allen Provinzen des Imperium Romanum in gleicher Weise durchgesetzt hätte.

Der Getreideanbau

Getreide war im antiken Mittelmeerraum das wichtigste Grundnahrungsmittel; es wurden Weizen und Gerste angebaut, wobei man dem Weizen den Vorzug gab, weil aus Weizenmehl Brot gebacken werden konnte, während Gerste normalerweise als Brei gegessen wurde. Da Weizen aber höhere Niederschlagsmengen benötigte, wurde in trockenen Gebieten dennoch vor allem Gerste angebaut, um Missernten für den Fall zu vermeiden, dass im Winter nur wenig Regen fiel. Der Anbau von Getreide war ohne

Abb. 1: Der griechische Pflug nach Hesiod

1: Sterz, 2: Scharbaum, 3: Krümel, 4: Schar, 5: Deichsel

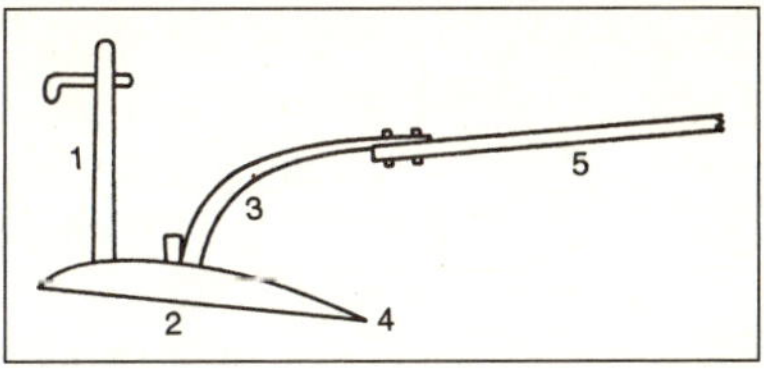

Zweifel die zentrale Aktivität in der antiken Landwirtschaft, und so erscheinen das Pflügen und die Arbeit der Schnitter nebeneinander in einem der zentralen Texte Homers, in der Beschreibung des mit Bildern verzierten Schildes, den der Schmiedegott Hephaistos für den Helden Achill aus Metall verfertigt hat.

Der Getreideanbau setzte eine sorgfältige Bearbeitung des Bodens voraus; nach Auffassung Catos bestand guter Ackerbau primär in gutem Pflügen, und schon früh hat der boiotische Dichter Hesiod (um 700 v. Chr.) in seinem Lehrgedicht ‹Werke und Tage› das Pflügen mit einem Ochsengespann in den Mittelpunkt der Beschreibung der Arbeiten in der Landwirtschaft gestellt. Mit dem Pflügen wurde der Boden aufgelockert und für die Aussaat vorbereitet. Der griechische Pflug wird bei Hesiod beschrieben; er bestand aus dem Scharbaum, an dem vorn Krümel und Deichsel und hinten der Sterz, der Griff, mit dem der Pflüger den Pflug lenkte, befestigt waren. Diese Form des Pfluges wendete nicht den Boden, sondern warf die Erde nur an beiden Seiten auf; damit war mehrmaliges Pflügen der Felder notwendig. In römischer Zeit war es üblich, den Scharbaum an der Spitze mit einer Pflugschar aus Eisen zu versehen, um eine schnelle Abnutzung des Holzes zu verhindern. Breitere Furchen wurden erreicht, indem man Bretter am Pflug anbrachte.

Das Getreide wurde mit Sicheln geerntet, wobei in verschiedenen Regionen unterschiedliche Methoden angewendet wurden; der Halm wurde entweder kurz über der Erde, in der Mitte oder aber kurz unterhalb der Ähren durchtrennt. Das jeweils gewählte Verfahren hing davon ab, für welchen Zweck man das Stroh brauchte. Das Getreide wurde meist unmittelbar nach der Ernte unter freiem Himmel auf der Tenne, einem ebenen Platz mit einem harten und trockenen Boden, gedroschen. Dies war die Arbeit der Ochsen, die zu diesem Zeitpunkt ja nicht zum Pflügen eingesetzt wurden; Varro (116–27 v. Chr.) erwähnt in seiner Schrift über die Landwirtschaft (‹de re rustica›) verschiedene Dreschgeräte: Der Dreschschlitten, an dessen Unterseite Steine oder Eisenteile angebracht waren, wurde von einem Tier über das Getreide gezogen; den Dreschwagen, der mit Zähnen versehene eiserne Rollen besaß, hatten die Römer von den Karthagern übernommen. Spreu und Korn wurden durch Worfeln getrennt; dabei wurde das gedroschene Getreide mit der Worfelschaufel in die Luft geworfen, die Spreu wurde vom Wind davongetragen, während das schwere Korn direkt auf den Boden fiel. Bei Windstille konnte eine Worfelschwinge so geschüttelt werden, dass Spreu und Korn sich trennten. Verschob man das Dreschen auf den Winter, so schlug man das Korn in der Scheune mit Stöcken aus.

Es bestand die Notwendigkeit, die Getreidefelder nach der Ernte vor der nächsten Aussaat ein Jahr lang brach liegen zu lassen. Die Brache und die Bodenbearbeitung zwischen der Ernte und der Aussaat im übernächsten Jahr dienten dazu, die Feuchtigkeit im Boden zu speichern. Darüber hinaus mussten dem Boden durch Düngung Nährstoffe zugeführt werden. Hierzu verwendete man vor allem tierischen Mist, der aber nicht ausreichend zur Verfügung stand, da das Vieh nicht im Stall gehalten wurde, sondern im Sommer in höhergelegenen Waldgebieten weidete. Die Texte der Agrarschriftsteller widmen unter diesen Umständen der Frage der Düngung eine große Aufmerksamkeit und erwähnen die Anlage eines Misthaufens, das Abbrennen der Felder sowie die Düngung mit Mergel. Bei der Gründüngung, die ausdrücklich empfohlen wurde, hat man Lupinen ausgesät und noch grün wieder untergepflügt. Der Stickstoff, der sich in den Wurzeln der Pflanze angesammelt hatte, gelangte auf diese Weise in den Boden.

Trotz dieser Maßnahmen blieben die Erträge im Getreideanbau relativ niedrig. Die Aussage von Columella (1. Jh. n. Chr.), in den meisten Gegenden Italiens habe der Getreideanbau einen vierfachen Ertrag erbracht, kann angesichts von ähnlichen Zahlen aus dem Mittelalter und der Frühen Neuzeit durchaus als glaubwürdig gelten. Bei einer Aussaat von vier bis fünf Modii Weizen (26–33 Kilogramm) pro Morgen (2500 m^2) hätte dies eine Ernte zwischen 104 und 132 Kilogramm pro Morgen ergeben. Von der Ernte musste wiederum das Saatgetreide zurückbehalten werden, so dass für den Konsum nur etwa 80–100 Kilogramm zur Verfügung standen. Für den Bedarf eines Erwachsenen von etwa 200 Kilogramm Getreide im Jahr brauchte man also zwei Morgen. Bezieht man in diese Rechnung die Brache mit ein, kommt man auf eine Fläche von vier Morgen oder einem Hektar, die notwendig war, um einen Erwachsenen zu ernähren. Allein diese Zahlen machen deutlich, dass die Ernährung der Bevölkerung in der Antike keine sichere Basis besaß.

Im Getreideanbau kam es in römischer Zeit zu einer Reihe wichtiger technischer Neuerungen, die Plinius der Ältere (gest. 79 n. Chr.) in seiner ‹Naturalis Historia› aufführt. In den gallischen Provinzen setzte man bereits einen Pflug mit zwei kleinen Rädern ein, der von zwei oder drei Paar Ochsen gezogen wurde. Die Pflugschar hatte die Form einer Schaufel und war damit für die Bearbeitung schwerer Böden geeignet. In Nordgallien verwendete man bei der Ernte ein Gerät, das aus einem Kasten bestand, der zwei Räder hatte und an seiner vorderen, niedrigen Seite mit Zähnen versehen war. Hinter dem Gerät ging zwischen zwei Stangen ein Tier, meist ein Esel oder ein Pferd. Wenn das Gerät über das Feld geschoben wurde, erfassten die Zähne die Halme des Getreides und rissen die Ähren ab, die dann in den Kasten fielen. Mit dem gallischen Mähgerät war es möglich, das Getreide schnell zu ernten, was unter den Witterungsbedingungen des nördlichen Gallien notwendig sein konnte. Ein weiterer Grund für den Einsatz des Mähgerätes kann ein Mangel an Arbeitskräften gewesen sein, den Plinius als einen Faktor bei der Entscheidung über die Ernteverfahren nennt. Bemerkenswert ist ferner der Hinweis des Plinius darauf, dass in Italien bis zu acht Ochsen vor den Pflug gespannt wurden; dies setzt neue Formen des Anspannens voraus. In der Spätantike war der Räderpflug auch in Norditalien weit verbreitet.

Um Brot backen zu können, musste das Getreide gemahlen werden; in archaischer Zeit geschah dies ähnlich wie im Alten

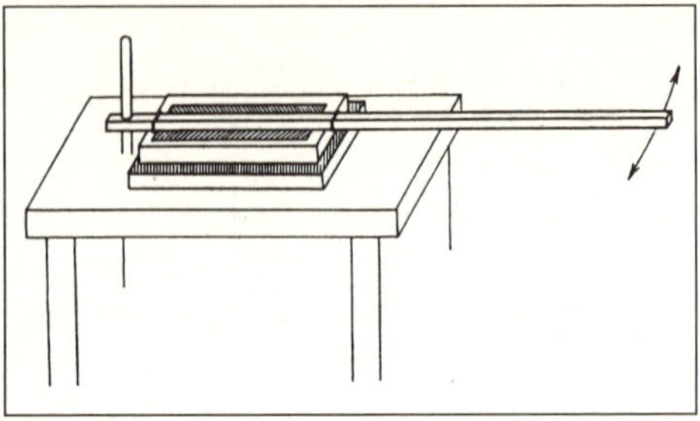

Abb. 2: Die Getreidemühle des olynthischen Typs

Ägypten mit einer Schiebemühle, an der meist Frauen im Haushalt arbeiteten. Diese Form der Mühle besteht aus einem Unterstein mit einer schrägen Fläche und einem Oberstein, der von Hand hin- und herbewegt wird. In klassischer Zeit wurde diese Mühle wesentlich verbessert: Für Olynth, das 348 v. Chr. von dem Makedonenkönig Philipp II. zerstört worden war, ist eine Mühle bezeugt, deren oberer Mühlstein einen Trichter besaß, der das Mahlgut aufnahm; außerdem war der obere Stein, der Läufer, mit einem Hebel versehen, dessen Ende drehbar an einer senkrechten Achse befestigt war. Damit war es möglich, den Hebel am anderen Ende und so auch den Läufer hin- und herzubewegen.

Diese Mühle wurde dann zur Rotationsmühle weiterentwickelt, bei der der Drehpunkt in der Mitte der Mühle lag. Der untere Mühlstein (Ständer) hatte die Form eines Kegels, der Läufer die Form von zwei Hohlkegeln; der untere Hohlkegel passte auf den unteren Stein, der obere Hohlkegel diente als Trichter, in den das Getreide hineingeschüttet wurde. Der Läufer lag nicht direkt auf dem unteren Stein auf, sondern war an einem Holzgerüst aufgehängt, das auf einem senkrechten Eisenstab drehbar ruhte. Auf diese Weise konnte der Abstand zwischen dem unteren Stein und dem Läufer verändert werden, und gleichzeitig verhinderte man, dass Steinabrieb in das Mehl gelangte. An das Holzgestell, an dem der obere Stein befestigt war, wurde ein Tier angeschirrt. Esel, Maultiere oder Pferde bewegten ununterbrochen mit verbundenen Augen und einer extremen Körperbiegung auf engstem Raum voranschreitend den

Abb. 3: Die pompejanische Getreidemühle

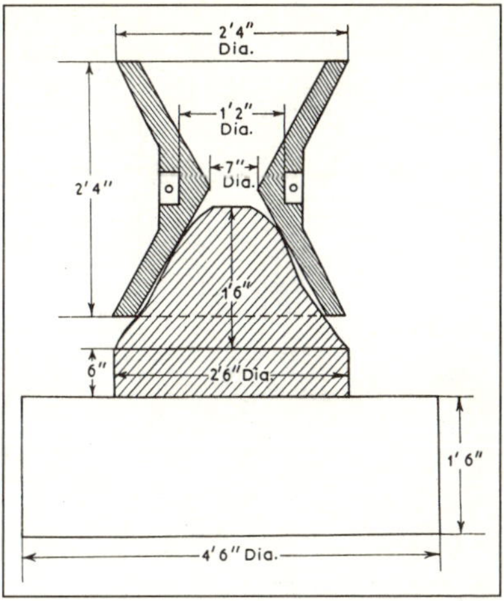

schweren Mühlstein. In Pompeji waren diese Rotationsmühlen in den Bäckereien aufgestellt, Mühle und Bäckerei waren noch keine getrennten Betriebe.

Die Rotationsmühle war die Voraussetzung dafür, dass die Rotationsbewegung eines Wasserrades auf den Mühlstein übertragen und damit zum ersten Mal eine Naturkraft als Antrieb für das Mahlen von Getreide genutzt werden konnte. Für die Transmission der Bewegung wurde ein Winkelgetriebe konstruiert, das aus einem großen Zahnrad und einem Laternenrad bestand; das senkrechte Zahnrad war durch eine Achse mit dem Wasserrad verbunden und bewegte das Laternenrad, das den Mühlstein drehte. Die Konstruktion der Wassermühle hat Vitruv in augusteischer Zeit präzise beschrieben. Relativ schnell fand die Wassermühle, die oft einen Standort außerhalb der Siedlungen hatte, eine weite Verbreitung im Imperium Romanum. Die Römer waren in der Lage, leistungsfähige Mühlenkomplexe zu erbauen; die Anlage von Barbegal bei Arles in Südfrankreich, die nach neueren Forschungen aus der Zeit des Traian (98–117 n. Chr.) stammt, besaß sechzehn an einem steilen Hang aufgestellte Mühlräder. Ein ähnlicher Mühlenkomplex existierte in Rom am Ianiculum, einem Hügel am rechten Tiber-

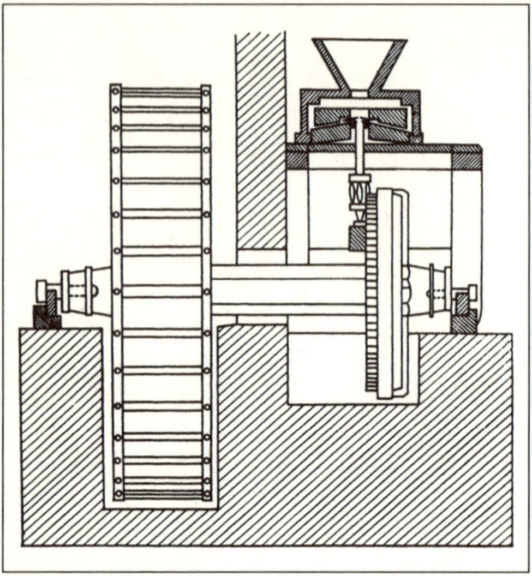

Abb. 4: Die römische Wassermühle nach Vitruv; de architectura 10,5,2

ufer; diese Mühlen waren bis zur Belagerung Roms durch die Ostgoten im Jahr 537 n. Chr. in Betrieb.

Wassermühlen sind insbesondere für die nordwestlichen Provinzen belegt. Im mediterranen Raum bestand das Problem, dass viele Flüsse im Sommer austrockneten oder nur wenig Wasser führten. Aus diesem Grund erhielten die Mühlenkomplexe von Barbegal und am Ianiculum aus einem Aquädukt Wasser, in Rom aus der *aqua Traiana*. Als die Ostgoten während der Belagerung von Rom die Leitungen zum Ianiculum unterbrachen und damit die Mühlen kein Wasser mehr erhielten, ließ der byzantinische Feldherr Belisar Mühlräder auf Booten installieren, die auf dem Tiber unter den Brücken, wo die Strömung besonders stark war, festgemacht wurden. Auf diese Weise war in einer Notsituation das Problem gelöst worden, die Wasserräder der Mühlen den schwankenden Wasserständen der Flüsse anzupassen. Im Mittelalter haben solche Bootsmühlen die Bevölkerung vieler Städte, die an größeren Flüssen lagen, mit Mehl versorgt, und in Rom gab es noch im frühen 19. Jahrhundert solche Mühlen auf dem Tiber.

Die Erzeugung von Wein und Öl

Wein und Öl waren wie Getreide Grundnahrungsmittel der Antike; man hat deswegen von einer Trias der antiken mediterranen Ernährung gesprochen. Der Mittelmeerraum wurde in der Antike wesentlich durch den Getreideanbau und die Anpflanzung von Wein und Olivenbäumen geprägt, und dieser Raum kann als das Verbreitungsgebiet dieser drei Nutzpflanzen definiert werden. Für Öl gab es verschiedene Verwendungszwecke: Es wurde für die Ernährung, die Körperhygiene und als Brennstoff für Öllampen gebraucht. In Attika wurden bereits im 6. Jahrhundert v. Chr. Ölbaumpflanzungen angelegt, die für einen überregionalen Markt produzierten. Oliven wurden geerntet, indem man mit Stangen gegen die Zweige und Äste des Baumes schlug, so dass die Oliven abfielen und vom Boden aufgelesen werden konnten. Es ist kaum möglich, genaue Angaben über die Olivenernten zu machen, da der Ertrag pro Hektar vom Alter der Bäume und von der Art der Pflanzung abhing; nach einer Angabe bei Columella kann angenommen werden, dass etwa 36 Bäume auf einem Hektar angepflanzt wurden, und nach modernen Schätzungen konnten je Baum ca. 20 Kilogramm Oliven geerntet werden, aus denen ca. 3 Liter Öl gewonnen wurden. In vielen Fällen hat man den Ertrag einer Ölbaumkultur durch extensiven Getreideanbau erhöht. Für den Weinbau überliefert Columella Angaben über die Erträge. Seiner Meinung nach sollte eine gut gepflegte Weinpflanzung mindestens 3 *cullei* (1560 Liter) je Morgen erbringen; bei seiner eigenen Berechnung der Einnahmen aus dem Weinbau geht Columella von einem Ertrag von einem *culleus* (520 Liter) aus.

Für die Erzeugung von Wein oder Öl war es notwendig, die geernteten Oliven oder Weintrauben zu pressen. Die Weintrauben hat man zunächst in Becken mit den Füßen ausgetreten; bereits in archaischer Zeit verwendeten die Griechen bei der Erzeugung von Wein Hebelpressen, deren langer Pressbalken mit Hilfe von schweren Gewichten herabgezogen wurde. Die Versuche, die Pressen zu verbessern, konzentrierten sich auf die Konstruktion, mit der Druck auf den Pressbalken ausgeübt

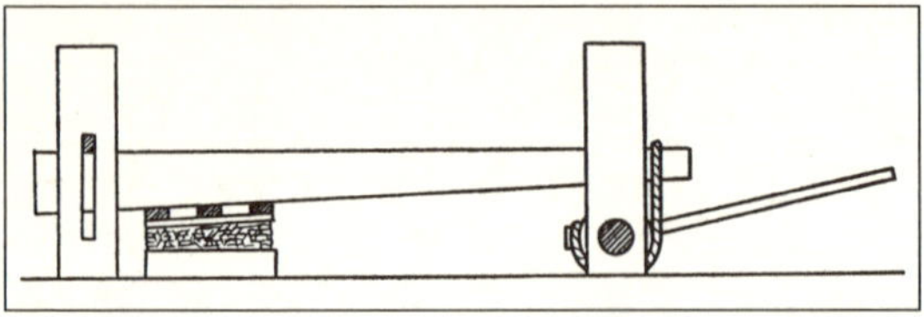

Abb. 5: Die Weinpresse bei Cato

wurde. Die von Cato im 2. Jahrhundert v. Chr. beschriebene Presse besaß eine Winde, die mit langen Hebeln langsam gedreht wurde; durch das Seil wurde der Pressbalken herabgezogen. Die Schwäche dieser Konstruktion lag darin, dass Menschen ständig Kraft aufwenden mussten, um den Druck auf das Pressgut aufrechtzuerhalten. Aus diesem Grund ging man dazu über, einen schweren Steinblock zu nutzen, der mittels Hebel und Winde vom Boden angehoben wurde, so dass er durch sein Gewicht den Pressbalken herabzog. Aber auch dieser Typ der Presse erwies sich im Betrieb vor allem wegen der Unfallgefahr als problematisch, auf die bereits Heron in seiner ‹Mechanik› hingewiesen hat.

Eine wirkliche Lösung des Problems gelang erst, als im späten 1. Jahrhundert v. Chr. die Presse mit einer Schraube kombiniert wurde, die in einem Muttergewinde am Pressbalken zu drehen war. Am unteren Ende der Schraube befand sich das Gewicht; durch Drehung der Schraube wurde das Gewicht angehoben, das dann ohne weitere Arbeit von Menschen kontinuierlich Druck auf den Pressbalken ausübte. Dieser Typ der Schraubenpresse erwies sich als so leistungsfähig, dass er unverändert bis zum frühen 19. Jahrhundert in Weinanbaugebieten in Gebrauch war.

Die Schraube ermöglichte daneben auch eine völlig andere Konstruktion der Presse: Ein festes hölzernes Gerüst besaß am oberen Querbalken eine Schraubenmutter mit einer Schraube, durch deren Drehung ein direkter Druck auf das Pressgut ausgeübt werden konnte. Der Vorteil dieses Gerätes bestand darin, dass es weniger Platz beanspruchte und überdies transportabel war. Die Bemerkung des Plinius, diese Schraubenpresse sei vor 22 Jahren erfunden worden, lässt eine Datierung auf die Zeit

Abb. 6: Die Schraubenpresse ohne Pressbaum

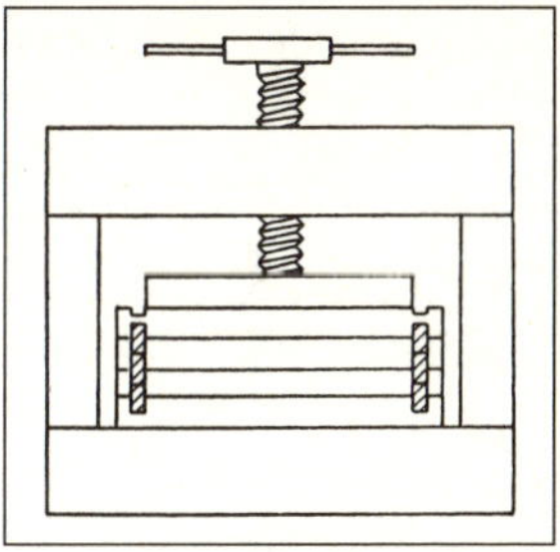

um 50 n. Chr. zu. Auch Heron beschreibt die direkte Schraubenpresse in seiner ‹Mechanik›, und es existiert eine bildliche Darstellung auf einem Wandgemälde in Pompeji; hier diente das Gerät als Tuchpresse in einer Walkerei.

Bei der Ölherstellung suchte man es zu vermeiden, dass beim Pressgang die Kerne zerbrochen wurden, weil dadurch die Qualität des Öls beeinträchtigt worden wäre. Für den ersten Pressgang wurde das *trapetum* verwendet, eine runde Wanne aus Stein mit einem Pfeiler in der Mitte; an dem Pfeiler war eine Stange so befestigt, dass sie gedreht werden konnte. Damit konnten zwei runde Läufersteine um den Pfeiler bewegt werden, so dass die Oliven zerquetscht wurden. Neben dem Trapetum erwähnt Columella noch eine Ölmühle; sie besaß einen großen Läuferstein, der in der Höhe verstellbar war und um einen Pfeiler gedreht wurde.

Die Viehzucht

Die Viehzucht spielt in den Epen Homers eine wichtige Rolle; um den Reichtum des Odysseus zu verdeutlichen, zählt Homer dessen Herden auf, die auf Ithaka und auf dem Festland weideten; er beschreibt auch ausführlich die Schweinehaltung des Eumaios, des Hirten, der Odysseus treu geblieben war. Homer wusste bereits, dass für die Pferdezucht besseres Weideland erforderlich war als für die Haltung von Ziegen. Mit dem Anwachsen der Bevölkerung in der archaischen Zeit wurde das Land zunehmend für den Anbau gebraucht; die Viehhaltung wurde in solche Regionen abgedrängt, die nicht zum Anbau geeignet waren.

Für die antike Viehhaltung war die Wanderweidewirtschaft charakteristisch; im Winter ließ man das Vieh in den Ebenen auf Brachland weiden, im Sommer trieb man die Herden in die Wälder der Gebirgsregionen. Für Mittelgriechenland wird die Transhumanz in der Tragödie erwähnt; ein Hirte berichtet im ‹Oidipus› von Sophokles, er hüte seine Herden im Sommer im Kithairon, einem Gebirge im Norden des Isthmos von Korinth, und treibe sie im Winter in die Ebene. Für das römische Italien sind ähnliche Verhältnisse bezeugt; hier legten die Herden auf ihrem Zug zur Sommerweide große Strecken zurück; Varro etwa berichtet, dass Schafe in Apulien überwinterten und im Sommer nach Samnium (heute Mittelitalien) wanderten.

Mit der Viehzucht und Viehhaltung waren verschiedene Ziele verbunden; Schafzucht wurde primär betrieben, um Wolle als Rohstoff für die Textilherstellung zu erhalten; Lämmer, die nicht für die Zucht benötigt wurden, hat man geschlachtet, die Milch von Schafen wurde zudem zu Käse verarbeitet. Die Qualität der Wolle konnte durch eine sorgfältige Auswahl der Widder verbessert werden. Man unterschied Schafe mit grober und mit feiner Wolle; die Schafrassen wurden nach ihrer Herkunft bezeichnet. In römischer Zeit bevorzugte man wegen der Qualität ihrer Wolle die Schafe aus Kalabrien, Apulien und Milet; als die besten Schafe galten die aus Tarent, die allerdings auch eine besondere Sorgfalt in der Haltung erforderten. Außerdem wurde die weiße Wolle der Schafe aus Oberitalien besonders geschätzt. In der Umgebung von Tarent erhielten Schafe eine Decke, um zu verhindern, dass die besonders wertvolle Wolle verunreinigt oder durch Dornen zerrissen wurde.

Das Schwein wurde allein als Schlachttier gehalten; Schweinefleisch ergänzte die vor allem vegetarische Ernährung. In der Zeit des frühen Principats wurde Schweinefleisch für überregionale Märkte produziert; das Fleisch wurde durch Salzen haltbar gemacht. Aus Gallien, selbst aus der Provinz Belgica, kam gepökeltes Schweinefleisch nach Rom und Italien.

Die Rinderhaltung diente vor allem der Aufzucht von Ochsen. Neben dem Esel war der Ochse das wichtigste Arbeitstier der Antike, das sowohl zu verschiedenen Arbeiten in der Landwirtschaft als auch zum Transport von Gütern gebraucht wurde. Die antike Wirtschaft beruhte so in einem hohen Maße auf der Leistungsfähigkeit der Ochsen. Aufgrund seines schwierigen Temperamentes kann der Stier kaum als Arbeitstier eingesetzt werden; durch die Kastration verändert sich das Temperament des Stieres vollständig, der Ochse ist fügsam und wehrt sich nicht gegen anstrengende monotone Arbeiten wie das Pflügen. Der Nachteil des Ochsen liegt in seiner Langsamkeit.

Da Pferde anspruchsvoll in der Haltung sind und Esel wenig leistungsfähig, hat man Pferde und Esel gekreuzt und so Maultiere gezogen, die alle Vorteile des Pferdes und des Esels in sich vereinen, selbst aber nicht fortpflanzungsfähig sind. Da Stuten sich von Eselhengsten nicht decken lassen, waren für die Maultierzucht besondere Vorkehrungen notwendig; die Stute wurde in einem Gestell festgebunden, so dass sie sich nicht wehren und abwenden konnte. Durch die Kastration von Stieren oder die Zucht von Maultieren wurde in die natürlichen Eigenschaften der Tiere massiv eingegriffen und das Tier den wirtschaftlichen Interessen des Menschen unterworfen.

Des Bodens größter Schatz – Die Metalle

Der Bergbau

In den ‹Persern›, einer kurz nach den Perserkriegen (490 und 480–479 v. Chr.) in Athen aufgeführten Tragödie des Aischylos, fragt die persische Königin Atossa danach, ob die Athener, die sich gegen das große persische Heer zu behaupten vermochten, über einen großen Reichtum verfügten, und erhält die Antwort: «Silbers eine Quelle hegen sie, des Bodens größter Schatz» (Übersetzung von O. Werner). Der Vers verweist auf die Silberbergwerke in Laureion, einem Gebiet im Osten Attikas; in archaischer Zeit gab es in Griechenland mehrere Bergwerksdistrikte, in denen Edelmetalle abgebaut wurden, so in Thrakien, auf den Inseln Thasos und Siphnos und in Attika. In römischer Zeit lagen die wichtigsten Gold- und Silberbergwerke in den spanischen Provinzen; einige dieser Lagerstätten hatten bereits die Karthager ausgebeutet.

Seit dem Aufkommen des Münzgeldes im 6. Jahrhundert v. Chr. verwendete man Gold und Silber zur Münzprägung. Die Verfügung über Lagerstätten von Edelmetallen bedeutete für antike Städte, Gemeinwesen oder Herrscher Reichtum und Macht. So konnte Themistokles mit den Erträgen aus zuvor entdeckten Silbervorkommen in Laureion den athenischen Flottenbau finanzieren, und Philipp II. von Makedonien ließ sogleich nach der Eroberung Thrakiens die Arbeit in den Goldbergwerken reorganisieren, um die geförderte Menge an Edelmetall zu steigern; im 2. Jahrhundert v. Chr. haben die Römer organisatorische Maßnahmen ergriffen, um den Abbau der Edelmetalle in den spanischen Provinzen zu intensivieren. Die Prägung und Emission römischer Münzen war weitgehend von Bergwerken auf der Iberischen Halbinsel abhängig.

Neben Gold und Silber hatten auch Kupfer und Eisen eine große Bedeutung für die antike Wirtschaft und Zivilisation; aus Kupfer oder Bronze stellte man eine große Zahl von Gebrauchsgegenständen für den Alltag her. Instrumente, die präzise gearbeitet sein mussten, bestanden normalerweise ebenfalls aus Bronze, so etwa die Instrumente für die medizinische Praxis. Eisen wurde für die Produktion von Waffen und Teilen der Rüstung gebraucht und war daher für den militärischen Bereich überaus wichtig. Daneben spielte Eisen aber auch eine bedeutende Rolle im zivilen Leben, Werkzeuge und einzelne Geräteteile wurden aus Eisen gefertigt. Als man in römischer Zeit begann, Druckrohrleitungen und Wasserleitungen innerhalb der Städte aus Blei herzustellen, bekam auch dieses Metall eine größere wirtschaftliche Bedeutung.

In historischer Zeit ging man dazu über, Metallvorkommen zu erschließen, die nicht mehr im Tagebau abgebaut werden konnten; im Gebiet von Laureion teufte man Schächte bis zu 55 Metern Tiefe ab. Die etwa 2000 Schächte in diesem Gebiet lagen nahe beieinander. Die von den Schächten ausgehenden Stollen hatten daher nur eine geringe Länge; sie waren meist weniger als 40 Meter lang, konnten aber auch über 100 Meter Länge erreichen. Das Gebiet von Laureion bestand aus Kalkstein, der Vortrieb, der mit einfachen eisernen Werkzeugen wie Hammer und Meißel bewerkstelligt werden musste, war mühsam und zeitaufwendig. Aus diesem Grund waren die Stollen auch extrem eng; sie hatten eine Höhe von weniger als einem Meter, bisweilen waren sie nur 60 cm hoch. Einen Vorteil besaß die geologische Situation im Gebiet von Laureion: Die Stollen lagen nicht unter dem Grundwasserspiegel; damit war eine Wasserhaltung, die mit den technischen Mitteln der Zeit extrem schwierig, wenn nicht unmöglich gewesen wäre, nicht notwendig. Das Erz wurde in Säcken oder Körben zum Ausgang der Schächte getragen, denn es gab keine Einrichtungen für die Förderung des Erzes.

In Spanien standen die Römer insofern vor größeren Problemen, als die Bergwerke hier unter dem Grundwasserspiegel lagen und damit entwässert werden mussten. Sie setzten daher Wasserhebegeräte, die in Ägypten und im Vorderen Orient für die Bewässerung von Feldern genutzt wurden, in den Bergwerken ein; damit gelang es ihnen, Gold und Silber in großen Tiefen abzubauen. Eine weitere Schwierigkeit bestand darin, dass die Stollen gegen Bergbruch gesichert werden mussten. Man ließ Pfeiler im Fels stehen oder verwendete Stützbalken aus Holz, um die Decke der Stollen zu sichern.

Für die Wasserhaltung der Bergwerke nutzten die Römer große Wasserräder und die archimedische Schraube. Die Wasserräder, die einen Durchmesser von bis zu 4,50 Metern hatten, besaßen am Radkranz Kammern, die sich beim Eintauchen im Wasser füllten und sich, am höchsten Punkt angelangt, wiederum leerten. Die Räder hoben Wasser auf eine Höhe, die fast ihrem Durchmesser entsprach. Durch die Aufstellung mehrerer Paare von Rädern konnte Wasser in einem Bergwerk in Rio Tinto in der Provinz Baetica um 29 Meter gehoben werden. Es

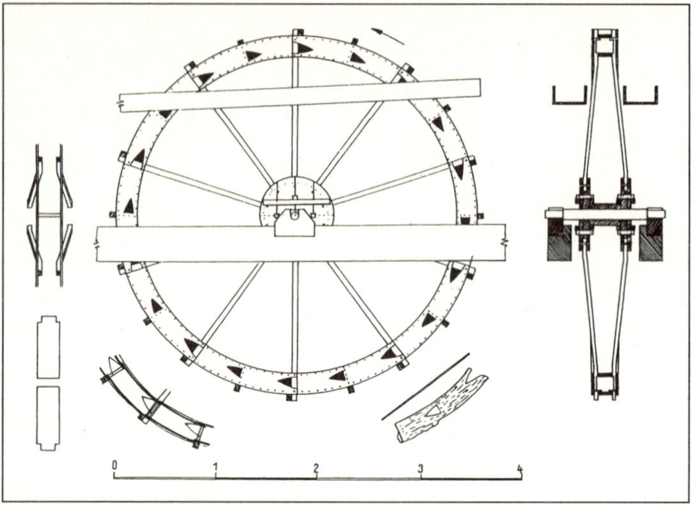

Abb. 7: Ein Wasserschöpfrad aus dem Bergwerk Dolaucothi in Wales, Rekonstruktion aufgrund von Funden

war nicht möglich, Räder dieser Größe durch die Stollen zu dem Platz, an dem sie aufgestellt werden sollten, zu bringen. Deswegen hat man die Räder erst im Bergwerk aus einzelnen Teilen zusammengesetzt.

Die archimedische Schraube, die ihren Namen erhalten hat, weil sie als eine Erfindung des Archimedes gilt, diente in Ägypten zur Bewässerung der Felder; dabei war es nicht notwendig, eine große Höhendifferenz zu überwinden. Das Gerät bestand aus einem runden, in einem flachen Winkel aufgestellten Stamm, um den schraubenförmig Weidenruten herumgelegt waren; die Weidenruten waren mit Latten abgedeckt, so dass Wasser in den Kammern gehoben wurde, wenn das Gerät von einem Menschen mit den Füßen gedreht wurde. Wenn mehrere archimedische Schrauben in einem Bergwerk hintereinander aufgestellt wurden, war es durchaus möglich, mit diesem Gerät Wasser auch aus großer Tiefe an die Oberfläche zu leiten, eine technische Leistung, die auf die Zeitgenossen großen Eindruck machte.

In Nordwestspanien gab es Goldvorkommen in Sedimentgestein, deren Abbau im Untertagebau sich nicht lohnte; die Römer fanden aber auch hier eine Möglichkeit, diese Vorkommen auszubeuten: Große Teile von Bergen wurden so untergraben, dass es zu einem geplanten Bergsturz kam; das Gelände wurde danach mit großen Mengen Wasser überspült, das zuvor in riesigen Tanks gesammelt worden war. Um im Hochgebirge genügend Wasser an diese Lagerstätten heranzuführen, wurden in schwierigstem Gelände, teilweise an senkrecht abfallenden Felswänden, Wasserleitungen angelegt. Durch einen kontinuierlichen Wasserstrom wurden die Erdmassen schließlich ausgeschwemmt und das Gold aufgefangen (siehe vordere Umschlaginnenseite).

Die Römer haben in der Antike einen beträchtlichen Teil der Edelmetallvorkommen Spaniens abgebaut; allein im Bergbaugebiet von Rio Tinto in Südspanien wurden etwa 2 Mio. Tonnen Erz gefördert, das Gewicht der antiken Schlacken hat man auf 16 Mio. Tonnen geschätzt. Die Auswirkungen des römischen Bergbaus auf die ursprüngliche Landschaft sind in Nordwest-Spanien bis heute sichtbar; nach dem Ausschwemmen der Sedimentgesteine blieben hier in der Landschaft einzelne fremdartig wirkende Felsformationen stehen.

Die Arbeitsbedingungen in den Bergwerken waren extrem schlecht; die Enge der Stollen, die sauerstoffarme Luft, Staub und der Rauch der Lampen waren mehr oder weniger vom technischen Standard der Antike bedingt. Es kam aber noch erschwerend hinzu, dass in vielen Bergwerken Sklaven arbeiteten und Verurteilte Zwangsarbeit leisten mussten. Auf diese Menschen wurde in den meisten Fällen keinerlei Rücksicht genommen, Erkrankungen und eine hohe Sterblichkeit der Sklaven wurden durchaus in Kauf genommen. In schonungsloser Weise beschreibt Diodor die Verhältnisse in den Goldbergwerken Nubiens in hellenistischer Zeit, wo auch Kinder und Frauen zur Zwangsarbeit verurteilt waren, und Strabon berichtet von einem Bergwerk in Kleinasien, in dem giftige Grubengase zu einem schnellen Tod der Sklaven führten, die als Verbrecher billig auf dem Sklavenmarkt gekauft worden waren.

Die Verhüttung der Erze

Im Gebiet von Laureion bei Athen wurde Bleiglanz abgebaut, ein Bleierz, das etwa 25 bis 40 Kilogramm Silber je Tonne Erz enthält; unter dieser Voraussetzung war es notwendig, das geförderte Erz so aufzubereiten, dass der Metallgehalt des Erzes vor der Verhüttung, die viel Energie erforderte, möglichst hoch und taubes Gestein weitgehend ausgesondert war. Die Erze wurden in der unmittelbaren Nähe der Bergwerke aufbereitet und verhüttet; die einzelnen Arbeitsschritte können aufgrund der archäologischen Ausgrabungen und Funde im Gebiet von Laureion gut rekonstruiert werden. Es gab zwei Verfahren, die trockene und die nassmechanische Aufbereitung: In einem ersten Arbeitsgang trennte man an Sortiertischen das taube Gestein vom metallhaltigen Erz, das dann zerkleinert wurde. Diese kleinen Erzpartikel wurden im nächsten Arbeitsschritt gewaschen, um noch einmal die metallhaltigen Teile von anderem Material zu trennen. Dies geschah an Waschtischen, die aus einer viereckigen Steinfläche und einem um diese Plattform herumgeführten Wasserkanal bestanden. In den Kanal waren an den Ecken vertiefte Auffangbecken eingelassen. Dahinter befand sich eine Zisterne, die genügend Wasser für die Anlage enthielt. Wenn Wasser in den Kanal eingeleitet und das Material in den Wasserstrom hineingegeben wurde, blieben die metallhaltigen Partikel wegen ihres höheren Gewichtes in den Auffangbecken hängen. Daneben existierten auch kreisförmige Waschanlagen mit einer Rinne, die ein leichtes Gefälle besaß und Vertiefungen aufwies; am höheren Ende konnte das Wasser in die Rinne eingeleitet werden. Die in den Wasserstrom hineingegebenen schwereren Erzpartikel blieben in den Vertiefungen hängen, während das leichtere taube Material weiter fortgetragen wurde.

Nach der Aufbereitung wurde das Erz in großen Schachtöfen verhüttet. Die Trennung von Bleiglanz und Silber war schwierig; im Holzkohlenfeuer entstand Blei, das zu Bleiglätte oxidierte, die dann an der Oberfläche des geschmolzenen Bleis abgeschöpft wurde, bis schließlich das reine Silber übrig blieb. In römischer Zeit errichtete man bei den Schachtöfen hohe Schlote, da der bei der Silberverhüttung entstehende Rauch als schädlich galt.

Auch Eisen kommt in der Natur nur selten in reiner Form vor (Meteoriteneisen) und muss daher ebenfalls verhüttet werden. Bei den Eisenerzen handelt es sich zumeist um Eisenoxide, die bei der Verhüttung reduziert wurden, indem der Sauerstoff mit dem im Brennprozess freiwerdenden Kohlenstoffmonoxid reagierte. Eisenkarbonat wurde durch Rösten – durch Erhitzung bei einer eher niedrigen Temperatur – in Eisenoxid umgewandelt. In den antiken Öfen wurde normalerweise nicht die Temperatur erreicht, die notwendig gewesen wäre, um Eisen zu schmelzen. Das Eisenerz wurde zunächst zerkleinert und dann in den Ofen gegeben, dem mit einem Blasebalg Sauerstoff zugeführt wurde. Die Schlacken wurden ausgeschmolzen, als Ergebnis der Verhüttung blieb die Eisenluppe am Boden des Ofens übrig, ein großes schwammartiges Stück Eisen mit einem hohen Anteil an Schlacken, die durch mehrmaliges Erhitzen und Hämmern entfernt werden mussten.

Ein notwendiges Element – Das Salz

Bei Salz handelt es sich um einen Mineralstoff, der in der Natur in verschiedener Form vorkommt und für die menschliche Ernährung sowie für die Konservierung von Nahrungsmitteln unentbehrlich ist. Auch in der Landwirtschaft, insbesondere für die Viehzucht, wird Salz in großen Mengen benötigt. Die Bedeutung von Salz wird von Plinius betont, der davon spricht, ohne Salz sei kein menschenwürdiges Leben möglich, vielmehr sei es ein notwendiges Element.

Der hohe Bedarf an Salz in der antiken Gesellschaft kann anhand mehrerer Tatbestände gut beleuchtet werden: Cato empfiehlt in dem Abschnitt über die Rationen der Sklaven eines Landgutes, dass ihnen neben anderen Lebensmitteln im Jahr pro Kopf ein modius (ca. 8,75 Liter, entspricht etwa 10 Kilogramm) Salz gegeben werden sollte. Salz war daneben ein wichtiger Bestandteil des Tierfutters; in verschiedenen Texten wird erwähnt, dass Rinder und Schafe Salz erhalten; nach Plinius sollten die Tiere damit zum Fressen angeregt werden.

Die wichtigste Funktion von Salz war ohne Zweifel die Konservierung von Nahrungsmitteln. Welche Mengen dafür benötigt wurden, macht ein Rezept Catos zum Pökeln von Fleisch deutlich: Auf den Boden eines Tongefäßes soll Salz gestreut werden; dann wird ein Schinken hineingelegt und vollständig mit Salz bedeckt, ein zweiter Schinken darüber gelegt, und schließlich werden alle Schinken mit Salz so überstreut, dass kein Fleisch mehr zum Vorschein kommt. Angesichts der großen Mengen von Schweinefleisch, die über weite Strecken, etwa von Nordgallien bis nach Italien, transportiert wurden, muss der Verbrauch von Salz für diesen Zweck immens gewesen sein. Hinzu kommt, dass der Verkauf von Fisch auf den Märkten des Binnenlandes ebenfalls nur möglich war, wenn man den Fisch durch Einsalzen haltbar gemacht hatte. Gerade für Thunfisch, der im Mittelmeer in großen Schwärmen auftritt und zwischen Mai und Oktober gefangen wurde, ist eine Konservierung durch Salz gut bezeugt. Salz war außerdem ein Gewürzmittel, das man für die Zubereitung von Speisen verwendet hat. Plinius kennt mehrere Qualitäten von Salz unterschiedlicher Herkunft, was ein Indiz dafür ist, dass Salz auch über weite Entfernungen gehandelt worden ist.

Salz konnte in der Antike auf drei verschiedene Arten gewonnen werden, die Plinius beschrieben hat. Wie Metallerze wurde auch Steinsalz bergmännisch abgebaut; Vorkommen sind etwa für Spanien, wo auch Betriebe existierten, in denen Fisch in großen Mengen für den Export eingesalzen wurde, und für Kleinasien belegt. Der Abbau von Salz wurde dadurch erleichtert, dass es in großen Blöcken gebrochen werden kann. Daneben waren salzhaltige Quellen bekannt. Die Sole wurde aus Brunnen geschöpft; es war aber auch möglich, normales Wasser in die Salzbergwerke zu leiten und für die Salzgewinnung zu nutzen, wenn das Wasser mit Salz angereichert war. Im Mittelmeerraum war die Gewinnung von Salz in Meeressalinen verbreitet und wohl das üblichste Verfahren. Man leitete Meerwasser in große, flache Becken ein und setzte es der sommerlichen Hitze aus, so dass es verdunstete und das Salz zurückblieb. Solche Salinen existierten bereits in der Zeit der frühen römischen Republik an der Tibermündung; eine anschauliche Beschreibung einer Meeressaline findet sich in dem Gedicht des Rutilius Namatianus über seine Reise von Rom nach Gallien im Jahr 417 n. Chr.

Das antike Handwerk

Werkzeug und Werkstatt

Der Aufstieg und das Wachstum der Städte in der antiken Welt führte zu einer Arbeitsteilung zwischen Stadt und Land, zur Herausbildung einer städtischen Wirtschaft und damit schließlich auch zur Entwicklung des Handwerks. Die Bevölkerung der Städte war für die Versorgung mit Nahrungsmitteln auf die Landwirtschaft angewiesen; daneben bestand ein Bedarf an Gebrauchsgütern, der primär vom lokalen Handwerk gedeckt wurde. Während viele der bei Homer erwähnten Handwerker noch wanderten und bei Bedarf in einer Gemeinde oder im Haus eines Adligen arbeiteten, verfügte der Handwerker in der Stadt über eine feste Werkstatt. Die Herstellung von Handwerkserzeugnissen erforderte Erfahrung und ein besonderes Wissen der Handwerker, in der Metallurgie und in der Keramikherstellung dazu die Fähigkeit, mit hohen Temperaturen umzugehen. Gerade Gegenstände aus Metall oder Qualitätskeramik konnten im bäuerlichen oder städtischen Haushalt nicht mehr hergestellt werden, denn sowohl der Schmied als auch der Töpfer brauchten bei ihrer Arbeit spezielle Werkzeuge, und die Werkstatt musste mit Öfen für das Erhitzen von Metall oder das Brennen von Tongefäßen ausgestattet sein. Daneben gab es Bereiche, für die weiterhin die Produktion innerhalb der Familie charakteristisch blieb; dies gilt etwa für die Textilherstellung, die lange Zeit in den Händen der Frauen lag, die Wolle spannen und Tuch webten. Aber auch hier setzte sich zumindest in den Städten das Handwerk gegenüber der Produktion innerhalb der Familie durch, wie etwa das Textilgewerbe in Pompeji zeigt.

Neben dem städtischen Handwerk gab es auch Produktionsstätten auf dem Land; gerade Töpfereien und Ziegeleien befanden sich in ländlichen Regionen in der Nähe der Tonvorkommen. Auch im ländlichen Milieu ist mit einem Bedarf an Erzeugnissen des Handwerks zu rechnen.

Die Produktionsstätte des Handwerks war die Werkstatt, es gab weder Manufakturen noch Fabriken in der Antike. Kriterium für die Einordnung einer Produktionsstätte ist nicht die Größe oder die Zahl der Arbeiter, sondern die Produktionstechnik. Während in der *Werkstatt* ein Handwerker mit dem Werkzeug arbeitet, ist die *Manufaktur* ein Betrieb, der verschiedene Handwerkszweige zur Herstellung eines bestimmten Produktes vereinigte oder aber zur Teilmechanisierung einzelner Arbeitsschritte übergegangen war; in der *Fabrik* beruht die Produktion auf dem Einsatz von Maschinen. Es ist für die antiken Verhältnisse typisch, dass der ökonomische Wert eines *ergasterion*, der Werkstatt, in der im 5. und 4. Jahrhundert v. Chr. mehrere Sklaven arbeiteten, am Wert der Sklaven und der vorhandenen Rohstoffe bemessen wurde, während die Einrichtung der Werkstatt oder die Werkzeuge in diesem Zusammenhang nicht erwähnt werden.

In größeren Städten, in denen es eine entsprechende Nachfrage nach Handwerkserzeugnissen gab, kam es zu einer starken Spezialisierung im Handwerk, die in einer großen Zahl von Berufsbezeichnungen sowohl in Griechenland als auch in Rom ihren Ausdruck fand. Grund für diese Spezialisierung war aus der Sicht der Antike die Tatsache, dass ein Handwerker, der sich auf ein bestimmtes Erzeugnis spezialisiert, aufgrund seiner Erfahrung und Routine dieses Erzeugnis besser und schneller herstellen konnte, damit insgesamt effizienter arbeitete. Viele Werkstätten waren klein, und nur wenige Menschen haben in einer solchen Werkstatt gearbeitet. Mit einer innerhalb einer Stadt gelegenen Werkstatt war regelmäßig ein Laden verbunden, viele Handwerker produzierten also direkt für den Konsumenten, nicht für den Handel und einen anonymen Markt. Daneben gab es eine Reihe von Erzeugnissen von hoher Qualität, die von Händlern auch auf entfernten Märkten verkauft wurden.

Innerhalb einer Werkstatt konnte es durchaus zu einer Arbeitsteilung kommen, etwa zwischen dem Handwerker und seinem Gehilfen. In überregional bedeutenden Zentren eines Handwerks dominierten nicht immer große Werkstätten, sondern es existierte eine Vielzahl kleiner Werkstätten. Handwerker, die in Werkstattkomplexen durchaus selbständig tätig waren, kooperierten bei bestimmten Arbeitsschritten; so haben viele Töpfer in Südgallien ihre Tonware in großen Brennöfen gemeinsam gebrannt und auf diese Weise eine größere Effizienz erreicht.

Schmiede und Bronzegießer – Die Metallurgie

In einer Erzählung bei Herodot wird das Inventar einer Schmiede präzise beschrieben: Hammer, Amboss und die Blasebälge werden genannt, um die Arbeit des Schmiedes zu charakterisieren. Die Werkstattbilder auf attischen Vasen zeigen außerdem die lange Zange, mit der das glühende Stück Eisen gehalten wird. Das Schmieden von Eisen war ein komplizierter Vorgang, der in der Antike nicht richtig verstanden wurde, den die Schmiede aber aufgrund von Erfahrungswissen in hohem Maße beherrschten. Reines Eisen, das relativ weich ist und sich deswegen nicht zur Herstellung von Schneidewerkzeugen eignet, wurde beim Erhitzen im Holzkohlenfeuer mit Kohlenstoff angereichert und auf diese Weise gehärtet. Dabei durfte der Kohlenstoffgehalt nicht über 2% steigen, da Eisen sonst spröde wird und nicht mehr geschmiedet werden kann. Das Eisen wurde beim Schmieden durch Eintauchen in kaltes Wasser schnell abgekühlt, wodurch das Materialgefüge beeinflusst und das Metall endgültig gehärtet wurde. In der Antike hat man den Erfolg beim Härten des Eisens auf die Qualität des dabei verwendeten Wassers zurückgeführt. Bei diesem Verfahren lag das Problem darin, dass nur die Oberfläche und nicht das gesamte Stück Metall mit Kohlenstoff angereichert wurde. Um bei der Herstellung von Schneidewerkzeugen die erforderliche Härte des Werkstücks zu erreichen, hat man flache Eisenplättchen im Holzkohlenfeuer einzeln gehärtet und dann zu einem Stück zusammengeschmiedet (lammelliertes Eisen). Eine solche Methode wurde seit dem 3. Jahrhundert n. Chr. vor allem bei der Herstellung von Schwertern benutzt. Eine besonders hohe Qualität schrieb man dem Eisen aus Noricum (heute Kärnten) zu *(ferrum Noricum)*. Wahrscheinlich hatte das Eisenerz, das in dieser Region gefördert wurde, eine besondere Zusammensetzung, die die Kohlenstoffanreicherung bei der Verhüttung begünstigte.

Während man Eisen, das einen hohen Schmelzpunkt hat, im glühenden Zustand geschmiedet hat, war es möglich, Edelmetalle, die eine geringere Härte besitzen, auch in kaltem Zustand zu bearbeiten: Bleche aus Gold, Silber und Kupfer konnten durch Hämmern verformt und getrieben werden. Auf diese Weise sind vor allem die Bronzehelme der griechischen Soldaten entstanden, aber auch große Gefäße, so etwa der spätarchaische Bronzekrater aus Vix, der eine Höhe von 1,64 Metern und ein Gewicht von über 200 Kilogramm besitzt. Wahrscheinlich gelangte dieses Gefäß aus der Peloponnes oder aus Unteritalien nach Gallien in den Besitz eines keltischen Fürsten. Das Silbergeschirr der Oberschicht in hellenistischer und römischer Zeit, das Reliefs aufweist, wurde ebenfalls in Kaltarbeit hergestellt.

Bronze, die einen niedrigen Schmelzpunkt von ca. 900° C besitzt, eignete sich auch für das Gussverfahren. In archaischer Zeit diente der Vollguss zur Anfertigung kleiner Statuetten von Göttern oder Tieren; es handelte sich um Votivgaben, die in großer Zahl gefunden worden sind. Bei der Technik der verlorenen Form hat man die Figur zunächst aus Wachs geformt und dann mit einem Tonmantel, der eine Öffnung behielt, umgeben. Das Wachs wurde dann ausgeschmolzen und die flüssige Bronze in den entstandenen Hohlraum gegossen. War die Bronze erkaltet, wurde die Tonform entfernt. Dieses Verfahren fand nur bei relativ kleinen Figuren Anwendung; für größere Standbilder verwendete man in archaischer Zeit Metallbleche, die durch Hämmern geformt und dann über einen Holzkern gelegt wur-

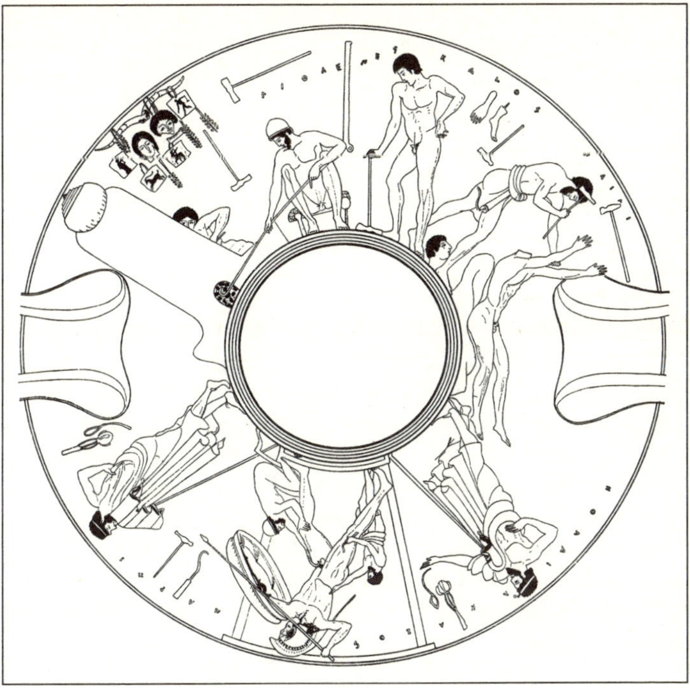

Abb. 8: Eine Bronzegießereiwerkstatt
Zeichnung nach einem Vasenbild auf einer attischen Schale (um 480 v. Chr.): Links oben ein großer Ofen, rechts oben die Zusammenfügung einer Statue, auf der unteren Seite Glättung der Oberfläche einer bereits fertigen Statue

den (Sphyrelatontechnik). Erst im späten 6. Jahrhundert v. Chr. gingen die Griechen dazu über, lebensgroße Bronzestatuen im Hohlgussverfahren herzustellen. Die Analyse von erhaltenen Standbildern und die Werkstattdarstellungen auf attischen Vasen ermöglichen es, diese Technik genau zu rekonstruieren: Die griechischen Bronzegießer haben das Bildnis zunächst aus Ton geformt, dann diesen Tonkern mit einer Wachsschicht überzogen und diese mit einen äußeren Tonmantel versehen. Tonkern und Tonmantel wurden durch Eisenstäbe fixiert, so dass sie ihre Lage nicht verändern konnten. Nachdem das Wachs ausgeschmolzen worden war, konnte in den Hohlraum die Bronze eingefüllt werden. Da die Bronze schnell erkaltet, war es schwierig, große Standbilder in einem Guss zu verfertigen. Aus diesem Grund haben die griechischen Bronzegießer die Teile einer Statue mit dieser Technik einzeln hergestellt und dann zusammengefügt, indem sie die Fuge zwischen den Teilen mit Bronze ausfüllten (Stückgussverfahren). Durch eine sorgfältige Bearbeitung der Oberfläche hat man die entstandenen Gussnähte so geglättet, dass sie nicht mehr sichtbar waren.

Angesichts der Schwierigkeiten des Bronzegusses, über die noch Michelangelo in einem Brief an seinen Bruder vom 6. Juli 1507 geklagt hat, ging der Bildhauer Chares ein großes Wagnis ein, als er sich entschloss, die Statue des Helios in Rhodos im Bronzegussverfahren zu schaffen. Dieses gemeinhin Koloss von Rhodos genannte Standbild, das die Rhodier nach Aufhebung der Belagerung durch Demetrios Poliorketes aus der Kriegsbeute finanzierten, war über 30 Meter hoch; der Guss eines derart monumentalen Bildwerkes war nur möglich, indem Chares jeweils die Form für einen Teil der Statue schuf, diesen Teil goss und auf den fertigen Teil anschließend die Form für den nächsten Teil stellte. Das Bildwerk wurde während seiner Entstehung durch ein Gerüst aus Eisen im Inneren und durch Erdaushub von außen stabilisiert.

Die Entwicklung des Hohlgussverfahrens muss als ein eminenter Fortschritt in der Metallverarbeitung bewertet werden; noch in der Frühen Neuzeit hat man einzelne monumentale Bronzeskulpturen nicht durch einen Bronzeguss, sondern aus getriebenen Bronzeblechen gefertigt, was sowohl auf den Herkules in Wilhelmshöhe bei Kassel als auch auf die Quadriga des Brandenburger Tores in Berlin zutrifft.

Töpfer und Vasenmaler – Die Keramik

Aufgrund der Tatsache, dass Keramik im Boden nicht verrottet, eine Reihe von Töpfereien ausgegraben und Tongefäße in großer Zahl als Grabbeigaben gefunden werden konnten, ist die moderne Archäologie über die Herstellung und Verbreitung von

Keramik so gut informiert wie über kaum ein anderes Erzeugnis des antiken Handwerks. Dies führte bisweilen zum Eindruck, dass die wirtschaftliche Bedeutung der Keramik bei weitem überschätzt werde. Dieser Auffassung kann aber entgegengehalten werden, dass die Keramik ein Produkt war, das in jedem Haushalt als Geschirr und als Vorratsgefäß gebraucht wurde und überdies zum Transport von Flüssigkeiten wie Wasser, Wein und Öl diente. Es bestand in der antiken Gesellschaft ein großer Bedarf an Töpferware, und Tongefäße wurden dementsprechend als Massenware hergestellt. Neben der primitiven Ware, die für alltägliche Zwecke gebraucht wurde, gab es Tonwaren von hoher Qualität und hohem künstlerischen Anspruch, die im Mittelmeerraum eine weite Verbreitung fanden. Händler brachten korinthische oder seit dem 6. Jahrhundert v. Chr. attische Keramik über den Seeweg bis nach Etrurien und Norditalien.

Bevor die Gefäße geformt wurden, ist der nach dem Abbau oft noch verunreinigte Ton sorgfältig aufbereitet worden. Durch das Schlämmen wurden einerseits Fremdstoffe und grobe Tonpartikel entfernt; man gewann mit diesem Verfahren einen feinen Ton von hoher Plastizität. Wiederholtes Kneten sollte alle Luftblasen im Ton beseitigen, die bei dem Brand aufplatzen und so Schäden verursachen konnten.

Die Töpferscheibe als wichtigstes Instrument des Töpfers erscheint bereits bei Homer in der Beschreibung des von Hephaistos für Achill geschmiedeten Schildes. Die griechischen Töpfer haben die Gefäße auf der schnell drehenden Töpferscheibe geformt, indem sie einen Tonklumpen auf der Scheibe zentrierten und diesen Klumpen dann so aushöhlten, dass zunächst ein dickwandiges Gefäß entstand. Der Töpfer hat dann die Gefäßwand hochgezogen und dabei dem Gefäß die endgültige Form gegeben. Vor dem Brand wurden die Gefäße erst getrocknet. Der griechische Töpferofen bestand aus zwei Kammern, die durch eine Lochtenne voneinander getrennt waren. Die obere Kammer, der Brennraum, nahm eine größere Zahl von Gefäßen auf und wurde dann bis auf das Abzugsloch in der Mitte der Kuppel verschlossen, in der unteren Kammer, dem Feuerraum, wurde ein Holzfeuer entzündet. Durch den Schürkanal konnte

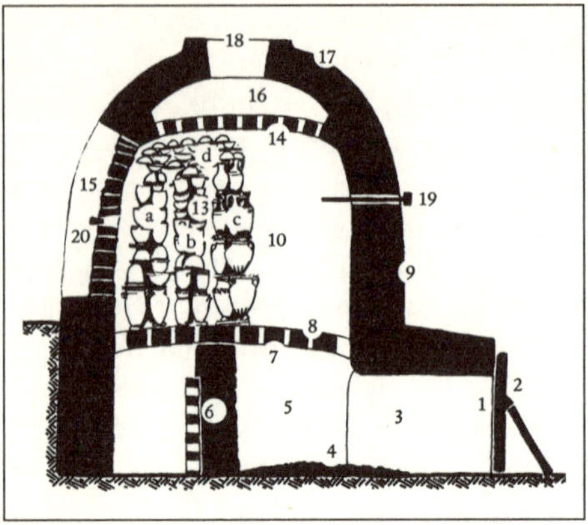

Abb. 9: Der griechische Töpferofen. Rekonstruktion A. Winter

3: Schürhals, 4: Feuerung, 5: Feuerkammer, 7: Lochtenne, 10: Brennkammer, 13: Brenngut; Töpferware in verschiedener Qualität, 18: Abzug

während des Brandes weiteres Holz hinzugegeben werden; dadurch war es möglich, den Brand zu regulieren.

In archaischer (ca. 700–500 v. Chr.) und in klassischer Zeit (500–323 v. Chr.) hat man die Gefäße verziert, indem man sie vor dem Brand bemalte. Neben dem Ornament setzte sich die bildliche Darstellung durch, wobei in Athen Szenen des Mythos dominierten; es erscheinen auf den Vasen daneben aber auch Bilder des alltäglichen Lebens, darunter etwa die Werkstattbilder. Etwa gegen 525 v. Chr. gingen die Vasenmaler in Athen von der schwarzfigurigen Malerei zur rotfigurigen Malerei über. Die typische Wirkung attischer Vasenbilder, die auf dem Kontrast von schwarzer und roter Farbe und auf der glänzenden Oberfläche des bemalten Gefäßes beruht, wurde durch die Bearbeitung des Tons und durch ein kompliziertes Brennverfahren erzielt. Die Vasenmaler verwendeten für die Bemalung der Keramik einen besonders fein geschlämmten Tonschlicker, dessen Farbe sich zunächst kaum von der des Tongefäßes unterschied. Im Brand oxidierte unter starker Sauerstoffzufuhr das Eisen im eisenhaltigen Ton, und die Gefäße färbten sich gänzlich rot; in der folgenden kurzen Phase des Brennvorgangs kam es bei einer Temperatur von 900–950° C zu einer Reduktion des Eisenoxids, und die Gefäße nahmen eine schwarze Farbe an. In der entscheidenden dritten Brennphase wurde dem Ofen bei sinkender Temperatur wiederum Sauerstoff zugeführt; dadurch oxidierte der Ton der Gefäße und färbte sich wiederum rot, während der Malschlicker beim Brand versintert war, deswegen nicht mehr oxidierte und schwarz blieb. Der so faszinierende Glanz der schwarzen Partien attischer Vasen kam dadurch zustande, dass die feinen Tonpartikel beim Brand eine besonders glatte Oberfläche bildeten.

In der Zeit des Hellenismus (323–31 v. Chr.) löste das reliefverzierte Silbergeschirr die bemalte attische Keramik als repräsentatives Geschirr reicher Familien ab. Bei der Herstellung von Qualitätskeramik imitierten die Töpfer in der folgenden Zeit zunehmend die Metallgefäße und verzierten Tongefäße ebenfalls mit Reliefs, die zuerst aus Ton geformt und dann vor dem Brand dem fertigen Gefäß appliziert wurden. Die Produktion der römischen Terra Sigillata, einer rotgefärbten, oft reliefverzierten Tonware, setzte gegen 40 v. Chr. in Arezzo ein. Der Standort der Töpfereien verlagerte sich in der frühen Principatszeit (seit 27. v. Chr.) nach Süd- und Mittelgallien, später entstanden bedeutende Zentren der Keramikproduktion am Rhein, so etwa in Rheinzabern. Wie die Namen der Töpfer zeigen, waren diese neuen Werkstätten zum Teil Filialgründungen bestehender Töpfereien.

Der Arbeitsprozess des Töpfers hat sich mit der Produktion der reliefverzierten Keramik durch die Verwendung von Formschüsseln erheblich gewandelt. Die Reliefs, die das fertige Gefäß aufweisen sollte, wurden zuerst als Punzen hergestellt; diese Punzen hat man in die Innenseite einer dickwandigen Formschüssel eingedrückt, so dass eine Negativform des Reliefs entstand. Die aus Ton bestehende Formschüssel wurde dann gebrannt und konnte danach vom Töpfer als Modell verwendet werden. Der Töpfer zentrierte dabei die Formschüssel auf der Töpferscheibe und drückte bei rotierender Scheibe den Ton an die Innenwand der Formschüssel und zog die Gefäßwand über den Rand der Formschüssel hoch. Das auf diese Weise hergestellte Gefäß besaß eine reliefverzierte Zone und darüber eine glatte Außenwand. Nach dem Trocknen konnte das leicht geschrumpfte Gefäß der Formschüssel entnommen und diese wiederum erneut verwendet werden. Dem Töpfer, der mit der Formschüssel arbeitete, war also Form und Reliefverzierung des Gefäßes vorgegeben, er hatte darauf keinen Einfluss mehr. Da die Formschüssel öfters genutzt werden konnte, war es möglich, gleiche Gefäße in größerer Zahl herzustellen; hier ist im Ansatz bereits eine Form der Serienproduktion gegeben. Der Glanz dieser Terra Sigillata wurde durch Eintauchen der Gefäße in eine besonders fein geschlämmte und mit Pflanzenasche versetzte Tonsuspension erzielt.

In den Zentren der Terra-Sigillata-Produktion in Gallien kooperierten die einzelnen Töpfer sowohl bei der Aufbereitung des Tons als auch bei dem Brennen der Gefäße. Es gab große Becken, in denen man den Ton geschlämmt hat, und für La Graufesenque ist gut bezeugt, dass die Gefäße mehrerer Töpfer zusammen in einem Töpferofen gebrannt wurden. Die Öfen in Gallien waren keineswegs mehr mit denen im archaischen Griechenland vergleichbar: In La Graufesenque wurden die Reste eines Töpferofens ausgegraben, dessen Brennraum über 3 Meter hoch und über 4 Meter breit war. In einem einzigen Brand konnten mehr als zehntausend Gefäße gleichzeitig gebrannt werden; wahrscheinlich waren die Töpferöfen in Gallien oben offen und wurden vor dem Brand mit Ziegeln sorgfältig abgedeckt. Die gallischen Töpfereien lagen meist entfernt von den Städten im ländlichen Raum in der Nähe geeigneter Tonvorkommen; die Terra Sigillata wurde nicht für den lokalen Bedarf, sondern für überregionale Märkte produziert und von Händlern im gesamten Imperium Romanum verkauft, ein Indiz für eine außerordentlich hohe Produktivität dieses Handwerks.

Ein neuer Werkstoff – Das Glas

Glas war bereits im Alten Orient bekannt; dieses Glas war farbig und wurde nur zur Herstellung sehr kleiner Gefäße, in denen etwa Salben oder Öle für die Körperpflege aufbewahrt wurden, verwendet. Dafür hatte man die Sandkerntechnik entwickelt: An einem Stab wurde ein Kern aus Ton und Sand befestigt; man tauchte den Stab in die flüssige Glasmasse, bis der

Kern vollständig von Glas umgeben war, und glättete dann die Oberfläche durch Drehen auf einer polierten Platte; nach dem Erkalten konnte dann der Kern entfernt werden. Im Hellenismus wurde Glas auch in Formen geschmolzen; auf diese Weise hat man farbige Teller oder Schalen verfertigt.

Glas ist eine chemische Verbindung, die in der Natur nicht vorkommt. Es besteht aus Quarzsand (Kieselsäure: SiO^2) und Soda (Na^2CO^3); diese Verbindung wird durch Hinzufügung von Kalk stabilisiert, so dass sie nicht wasserlöslich ist. Die Glasproduktion war immer abhängig von Quarzsandvorkommen, und die Zentren der antiken Glasproduktion finden sich vor allem im Vorderen Orient und in Ägypten, aber auch in Köln, in dessen Umgebung Quarzsandvorkommen existierten.

Zwei bahnbrechende Erfindungen führten zu einem unvergleichlichen Aufschwung der Glasherstellung: Wahrscheinlich begann man in Syrien gegen Mitte des 1. Jahrhunderts v. Chr., geschmolzenes Glas zu blasen; mit dieser Technik war es möglich, größere Gefäße, vor allem auch Flaschen, herzustellen. Etwa gleichzeitig gelang es, durch Zuschläge ein farbloses, transparentes Glas zu produzieren. Mit diesen beiden Erfindungen bestanden völlig neue Möglichkeiten der Glasverarbeitung. Innerhalb weniger Jahrzehnte entstanden im Imperium Romanum Werkstätten von Glasmachern, die verschiedene Techniken entwickelten. Strabon, der sein geographisches Werk in augusteischer Zeit (27 v. Chr.–14. n. Chr.) verfasst hat, berichtet von technischen Verbesserungen der Glasherstellung in Rom, die es möglich machten, Glasgefäße zu niedrigen Preisen zu verkaufen. Plinius hat einen Abschnitt der ‹Naturalis Historia› der Herstellung von Glas und Glasgefäßen gewidmet. In Kampanien wurde an der Mündung des Volturnus Quarzsand durch Mischung mit Soda und mehrmaliges Schmelzen zu Rohglas verarbeitet, ein Verfahren, das zur Zeit des Plinius bereits auch in Gallien und Spanien angewandt wurde.

Der Satz über die Zusammensetzung des Glases ist bei Plinius nicht klar formuliert; wahrscheinlich ist eine Mischung von Quarzsand und Soda im Verhältnis von zwei Teilen zu einem Teil gemeint. Bei Plinius werden verschiedene Möglichkeiten,

Glasgefäße zu produzieren, erwähnt: das Glasblasen, die Bearbeitung auf der Drehscheibe und das Ziselieren wie bei der Verarbeitung von Silber. Die Glasmacher haben das Rohglas in Öfen erhitzt, mit der Glasmacherpfeife, einem langen, mit einem Mundstück versehenen Eisenrohr, das geschmolzene Glas aufgenommen und zu einer Blase geformt.

Das feste und gleichzeitig durchsichtige Glas übte eine große Faszination auf die Römer aus, was zahlreiche Wandgemälde in Pompeji bezeugen: Die Bilder zeigen Glasschalen mit Obst, das in der Schale hinter dem Glas zu sehen ist und zugleich den Rand der Schale überragt, oder ein halb mit Wasser gefülltes Glas und demonstrieren auf diese Weise eindrucksvoll die Durchsichtigkeit des neuen Materials.

Die antiken Glasmacher haben sich nicht auf die Produktion von Gefäßen für den Alltagsgebrauch, etwa von einfachen Gläsern, Schalen und Flaschen, beschränkt, sondern sie entwickelten auch neue Techniken, um besonders wertvolle Gläser anzufertigen, für die hohe Preise bezahlt wurden. Gegenstände aus Glas waren durchaus Prestigeobjekte, zu denen etwa die zweifarbigen Kameogläser der frühen Principatszeit (seit 27 v. Chr.) zu zählen sind. Auf dem dunklen Grund solcher Gläser befindet sich eine zweite, weiße Glasschicht mit einer figürlichen Darstellung. Allgemein wird angenommen, dass die Kameogläser hergestellt wurden, indem zunächst das Gefäß aus dunkelblauem Glas mit einer zweiten, weißen Glasschicht überzogen wurde; nach dem Erkalten der weißen Glasmasse hat man das Relief in diese Glasschicht hineingeschnitten. Zu den eindrucksvollsten Erzeugnissen spätantiker Glasmacher gehören die Diatretgläser aus Köln; sie wirken, als seien sie von einem filigranen Netz aus dünnen Maschen umgeben.

Als eine Erfindung von großer Tragweite muss die Herstellung von Fensterglas gelten, das auf eine Platte mit einem Rand gegossen und ausgestrichen wurde. Sie hat die Architektur grundlegend verändert, weil es möglich wurde, das Tageslicht durch Fenster in abgeschlossene Räume hineinzulassen und Innenräume auf eine völlig neue Weise zu gestalten. Die Auswirkungen dieser Erfindung auf die Architektur wird besonders augenfällig bei einem Vergleich des Pantheons in Rom (erbaut unter Hadrian, 117–138 n. Chr.), das keine Fenster in den Wänden, sondern nur eine Öffnung in der Kuppel besitzt, mit Bauten der Spätantike wie etwa den Diocletiansthermen (heute die Kirche S. Maria degli Angeli), die durch große Fenster Licht erhalten.

Die Textilherstellung

In seiner Version des Prometheus-Mythos betont Platon, dass der Mensch nackt sei und der Kleidung bedürfe, und dementsprechend zählt er die Verfertigung von Kleidung zu den Techniken, die das Überleben des Menschen in seiner Umwelt sichern sollten. Dieser Hinweis Platons war insofern berechtigt, als die Textilherstellung in der Antike eine erhebliche wirtschaftliche Bedeutung besaß und sich zu einem wichtigen Zweig des Handwerks entwickelte. Obgleich die Kleidung einfach war und zum Teil nur aus Tuch bestand, das um den Körper gelegt wurde, und obgleich viele arme Menschen nur wenige Kleidungsstücke besaßen, die getragen wurden, bis sie zerschlissen waren, bestand in der antiken Gesellschaft insgesamt ein hoher Bedarf an Textilien. Spinnen und Weben waren in bäuerlichen Familien und noch bis zum frühen Principat selbst in wohlhabenden städtischen Haushalten Aufgabe der Frauen; es ist gerade bei der Textilherstellung mit einem großen Umfang der Produktion für den Eigenbedarf zu rechnen. Mit dem Wachstum der Städte war aber die Bevölkerung, die in ihren engen Mietwohnungen keine Möglichkeit mehr besaß, einen Webstuhl aufzustellen und Wolle zu verarbeiten, zunehmend auf den Kauf von fertigen Kleidern angewiesen; seit dem späten 5. Jahrhundert v. Chr. wurde in Griechenland selbst billige Massenware gewerblich produziert. Dies trifft seit dem Hellenismus zunehmend auch auf kostbare Luxusstoffe zu. Die Textilherstellung lag damit weitgehend in der Hand spezialisierter Werkstätten, was vor allem für Pompeji gut belegt ist, wo es im 1. Jahrhundert n. Chr. eine Vielzahl von Werkstätten des Textilgewerbes gab. Die Nachfrage nach Textilien hatte erhebliche Rückwirkungen auf die Wirtschaft: Der Bedarf an Wolle machte die Schafzucht zu einem lukrativen

Zweig der Landwirtschaft, die Präferenz reicher Konsumenten für Seidenstoffe stimulierte den Indienhandel, und die Nachfrage nach purpurgefärbten Stoffen führte zur Prosperität der Färbereien in den phoinikischen Küstenstädten.

Die Wolle wurde zuerst gewonnen, indem man die Schafe im Frühjahr, wenn die Wolle locker ist, mit den Händen gerupft hat; die Schafschur mit Bügelscheren ist in der römischen Literatur des 1. Jahrhunderts v. Chr. belegt, hat das Rupfen aber keineswegs sofort verdrängt. Die Schur hat den Vorteil, dass die Wolle ein zusammenhängendes Vlies bildet und damit leichter transportiert und verarbeitet werden kann. Wolle weist einen hohen Anteil an Fremdstoffen auf, vor allem an Wollfett. Aus diesem Grund musste die Wolle nach der Schur sorgfältig gereinigt werden, tarentinische Schafe mit besonders wertvoller Wolle hat man schon vor der Schur gewaschen.

Die wichtigsten Arbeitsschritte der Textilherstellung waren das Spinnen und Weben. Beim Spinnen wurde aus den einzelnen kurzen Wollfasern ein Faden hergestellt. Dies geschah mit Hilfe der Spindel, an der eine Wollfaser befestigt wurde, und des Rockens mit der Wolle. Die Spindel, an der als Schwunggewicht eine Spinnwirtel angebracht war, wurde in eine Rotatationsbewegung versetzt. Indem aus dem Rocken mit der rechten Hand immer neue Fasern gezupft und dann zusammengedreht wurden, entstand ein langer Faden, der von der rotierenden Spindel aufgewickelt wurde. Zum Weben wurde ein senkrechter Webstuhl mit zwei senkrechten Pfosten gebraucht, die den waagerechten Tuchbaum trugen; die Kettfäden waren an dem Tuchbaum befestigt und wurden durch Webgewichte aus Stein oder Ton straffgezogen. In der Mitte des Webstuhls befand sich ein waagerechter Stab; dadurch, dass die Kettfäden abwechselnd vor und hinter diesem Stab hingen, bildete sich das ‹natürliche Fach›; es war möglich, die hinten hängenden Kettfäden mit dem Schlingenstab nach vorn zu ziehen, und damit entstand das ‹künstliche Fach›. Der Schussfaden, der an dem Weberschiffchen befestigt war, wurde dann abwechselnd durch das natürliche und das künstliche Fach hindurchgeführt; Kettfäden und Schussfaden hatten eine unterschiedliche Qualität, denn die

Abb. 10: Der vertikale Webstuhl

a: Das natürliche Fach
b: Das künstliche Fach

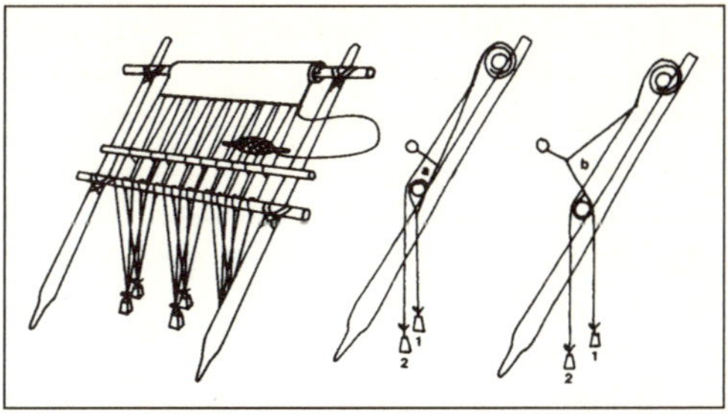

Kettfäden mussten stark genug sein, um der von den Webgewichten erzeugten Spannung standzuhalten. Der Schussfaden wurde nach oben angeschlagen, durch Drehen des Tuchbaums konnte das Tuch immer wieder aufgewickelt werden. Wie griechische Vasenbilder zeigen, webten die Frauen im Stehen; da der Webstuhl sehr breit war, mussten die Frauen beim Weben auch am Webstuhl hin- und hergehen, um den Schussfaden durch die Kettfäden zu führen. Indem die Fäden beim Weben untrennbar miteinander verbunden wurden, entstand das Tuch, das noch weiter bearbeitet wurde. In römischer Zeit haben die Walker das Tuch noch einmal gründlich gereinigt; dafür wurden verschiedene Reinigungsmittel verwendet, unter anderem auch abgestandener Urin. Die in der Flüssigkeit liegenden Tuche wurden von Menschen mit bloßen Füßen stundenlang getreten. Weißes Tuch wurde durch Schwefeln gebleicht; dazu wurde das Tuch über ein Gestell gebreitet, unter dem man Schwefel entzündet hat. Das gereinigte Tuch wurde danach aufgerauht und anschließend geglättet, indem man mit einer Bügelschere alle vorstehenden Fäden und Wollreste beseitigte. Zum Pressen verwendete man in Pompeji eine hölzerne Schraubenpresse.

Der Webstuhl wurde wahrscheinlich in römischer Zeit dadurch verändert, dass man die Kettfäden zwischen Garnbaum und Tuchbaum spannte; damit konnte der Schussfaden nach unten angeschlagen werden. Dies ermöglichte es wiederum, im Sitzen zu weben. Eine Verbesserung, die auf den ersten Blick wenig relevant zu sein scheint, hat die Arbeit am Webstuhl doch erheblich erleichtert.

Neben Wolle verarbeiteten Griechen und Römer auch pflanzliche Fasern; es handelte sich vor allem um Flachs, der für die Herstellung von Leinen diente. In römischer Zeit wurde Flachs in Gallien, in der Poebene und in Kampanien angebaut, aber auch Ägypten behielt eine wichtige Stellung in der Produktion von Leinenstoffen; ein bedeutendes Zentrum der Leinenweber war Tarsos in Kleinasien. Flachs musste zunächst in einem aufwendigen Verfahren, das Plinius in der ‹Naturalis Historia› ausführlich beschreibt, aufbereitet werden. Der Flachs wurde, wenn die Pflanzen gelb wurden, auf den Feldern ausgerauft und dann in Bündeln in der Sonne getrocknet. Die Stengel wurden dann so lange in Wasser gelegt, bis sie vollständig aufgeweicht waren. Auf diese Weise trennte man die Bastfasern des Stengels von der Rinde und dem Kern; anschließend wurden diese Fasern durch Schlagen mit einem hölzernen Hammer und durch Hecheln, das dazu diente, noch die Reste von anderen Pflanzenteilen zu entfernen und die Fasern voneinander zu trennen, für das Weben von Leinenstoffen vorbereitet. Aus Leinentuch wurden die Segel für Schiffe hergestellt; damit war die Produktion von Leinen eine wichtige Voraussetzung für den Handel auf dem Mittelmeer. Ferner gebrauchte man Leinen für die Verfertigung von Jagdnetzen.

Vom Architrav zum Bogen – Die Bautechnik

Viele bedeutende technische Leistungen der archaischen Zeit Griechenlands hängen mit dem Bau der monumentalen Tempel zusammen. Seit Beginn des 6. Jahrhunderts v. Chr. wetteiferten die autonomen Städte, die Poleis, und die panhellenischen Heiligtümer – die zentralen Kultorte Griechenlands wie Delphi und Olympia – untereinander beim Bau solcher Tempel, die immer größere Dimensionen annahmen. Als ein Beispiel für die Maße dieser Tempel mag hier der um 540 v. Chr. errichtete Apollontempel in Korinth genügen: Dieser Tempel besaß sechs Säulen an den Frontseiten und 15 Säulen an den Langseiten; diese Säulen bestanden jeweils aus einem einzigen Steinblock und hatten eine Höhe von ca. 6 Metern. Bei der Errichtung derartiger Tempel waren vielfältige technische Probleme zu lösen, darunter vor allem der Transport des Baumaterials von den Steinbrüchen zur Baustelle und das Heben der schweren Steinblöcke bis zur Höhe des Architravs (siehe hintere Umschlaginnenseite).

In Delphi verwendete man für die Frontseite des Apollontempels Marmor, der aus Paros stammte. Die Blöcke wurden mit dem Schiff von der Ägäisinsel bis in den Korinthischen Golf gebracht; vom Hafen bis zum Heiligtum musste dann eine Höhendifferenz von etwa 550 Metern überwunden werden. Die Tatsache, dass ein Kubikmeter Marmor ein Gewicht von ca. 2,5 Tonnen besitzt, macht deutlich, welche Leistung die Griechen allein schon bei dem Transport der Blöcke vollbrachten. Der Architekt des Artemistempels von Ephesos, Chersiphron, stand vor dem Problem, die schweren Säulenschäfte für den Tempel über weichen Boden zur Baustelle zu schaffen. Wagen waren hierfür ungeeignet, und deswegen konstruierte Chersiphron einen Rahmen aus Holz, der durch Eisenzapfen mit der Säule verbunden wurde. Damit konnten Ochsen, die vor dieses Holzgerüst gespannt wurden, die rollende Säule ziehen. Für die Architrave, rechteckige Blöcke, die nicht gerollt werden konnten, erfand Metagenes, der Sohn des Chersiphron, eine andere Vorrichtung; er ließ große Räder bauen, die an den Enden des Blockes befestigt wurden; der Block drehte sich, wenn die Räder gezogen wurden, wie eine Achse. Chersiphron und Metagenes verfassten über ihre Tätigkeit eine Schrift, in der sie gerade auch ihre technischen Leistungen betonten. Um die Blöcke für den Architrav auf die Säulen setzen zu können, verwendeten die Architekten in Ephesos nicht Krane, sondern sie legten hierfür eine Rampe aus Sandsäcken an. Krane wurden erst im späten 6. Jahrhundert v. Chr. auf den Baustellen eingesetzt; damit wurden Einarbeitungen an den Blöcken notwendig, um den Stein heben zu können. So hat man an den Seiten der Steine Seilkanäle angebracht, durch die das Seil hindurchgeführt wurde, oder aber die Steine mit Hebebossen versehen, an denen das Seil

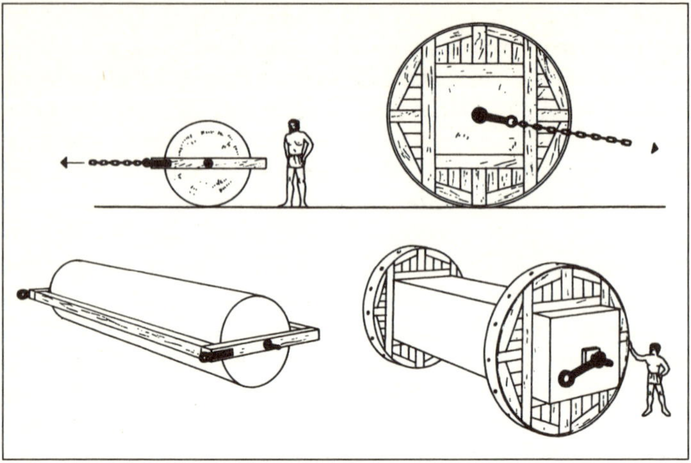

Abb. 11: Der Transport schwerer Steinblöcke beim Bau des Artemistempels von Ephesos

ebenfalls befestigt werden konnte. In der klassischen Zeit und im Hellenismus wurde es üblich, die Blöcke mit Hebezangen oder mit dem Wolf zu heben; der Wolf war eine Vorrichtung aus mehreren Eisenteilen, die in einem entsprechend geformten Loch an der Oberfläche eines Steines befestigt werden konnten.

Das Mauerwerk erhielt seine Festigkeit nicht durch die Verwendung von Mörtel, vielmehr erreichte man eine feste horizontale und vertikale Verbindung der sorgfältig bearbeiteten Steinblöcke mit Hilfe von Metallklammern und Dübeln. Die Dachkonstruktion entsprach der eines Pfettendaches. Auf den Pfetten, in Längsrichtung liegenden Balken, die von Steinblöcken gestützt wurden, lagen die Dachsparren auf; Ziegel bildeten die äußere Dachhaut. Die Holzkonstruktion des Pfettendaches war für größere Spannweiten nicht geeignet, weswegen die Tempel meist schmale Innenräume und in einigen Fällen auch zusätzliche Säulenreihen in der Cella besitzen. Eine Überdachung von Saalbauten war unter diesen Bedingungen nur möglich, wenn im Innenraum mehrere Säulen aufgestellt wurden, die das Dach trugen.

Die griechische Architektur war in der archaischen und klassischen Zeit von horizontalen und vertikalen Bauelementen geprägt und beruhte damit auf dem Prinzip des Tragens und Lastens. In römischer Zeit erscheinen daneben der Bogen und das Gewölbe als neue Bauelemente, die zu einem wichtigen Merkmal der römischen Architektur wurden. Der Keilsteinbogen findet sich bereits vereinzelt in der hellenistischen Architektur; es handelt sich dabei meist um Teile von Festungsbauten oder um unterirdische Bauten. Es stellte sich bei derartigen Bauwerken nicht das Problem des Seitenschubs, da der vom Bogen ausgehende Druck von dem Erdreich oder, etwa im Fall von Stadttoren, von dem umgebenden Mauerwerk aufgefangen wurde.

Die römischen Architekten entwickelten im 2. und 1. Jahrhundert v. Chr. eine Meisterschaft im Bau von Bogenkonstruktionen. Damit war die Voraussetzung für die Errichtung von Brücken über das breite Flussbett des Tiber und für den Bau der Bogenstrecken der Aquädukte vor Rom geschaffen; wie das Tabularium am Forum Romanum zeigt, wurde der Bogen im 1. Jahrhundert v. Chr. auch zu einem bestimmenden Element der Fassade repräsentativer öffentlicher Gebäude. Diese Form der Fassadengestaltung fand ihren Höhepunkt in der Außenfront des unter Vespasian (69–79 n. Chr.) errichteten Kolosseums, dessen Arkadenbögen in drei Stockwerken übereinander angeordnet waren. Zu den Monumenten, die zu Ehren des römischen Kaisers errichtet wurden, gehörte der Triumphbogen, ein Bogen, dessen Funktion wesentlich darin bestand, die Ehreninschrift für den Kaiser, Reliefs, die seine Leistung verdeutlichen sollten, und in vielen Fällen eine Quadriga mit der Statue des Kaisers zu einem Denkmalskomplex zu verbinden. Der Keilsteinbogen wurde über ein Lehrgerüst aus Holz errichtet; sobald der oberste Stein gesetzt war, besaß der steinerne Bogen Stabilität, und das Lehrgerüst konnte entfernt werden.

Eine zweite grundlegende Neuerung der römischen Architektur war die Verwendung von Mörtel bei der Errichtung des Mauerwerks; der Mauerkern bestand aus Mörtel, der mit kleinen Steinen vermischt war, während unregelmäßig geformte Tuffsteine (*opus incertum*) die Verschalung bildeten. In der Zeit der späten Republik gebrauchte man für die Verschalung gleichgroße, quadratische Tuffsteine, so dass an der Oberfläche des Mauerwerks ein regelmäßiges Netzmuster *(opus reticulatum)* entstand. Schließlich wurden in der Principatszeit gebrannte Ziegelsteine das wichtigste Baumaterial; man ging dazu über, zuerst zwei schmale Mauern aus Ziegelstein zu errichten und den Hohlraum zwischen diesen Mauern mit Mörtel und Steinmaterial anzufüllen. Der von den Römern verwendete Mörtel besaß eine große Festigkeit, die es ermöglichte, auf die Verschalungsmauern aus Ziegelsteinen zu verzichten und an ihrer Stelle eine Holzverschalung zu verwenden, die abgenommen werden konnte, wenn der Mörtel *(opus caementicium)* getrocknet war.

Der Mörtel, der aus Erde vulkanischen Ursprungs bestand, wie sie am Golf von Neapel in der Nähe von Puteoli gefunden wurde, eignete sich sogar für den Bau von Gewölben und Kuppeln. Es gibt im Imperium Romanum zahlreiche Bauten mit weiten Innenräumen, die auf diese Weise überwölbt worden waren. Das bekannteste dieser Bauwerke ist ohne Zweifel das unter Hadrian errichtete Pantheon, das eine Kuppel aus *opus caementicium* besitzt, die einen Durchmesser von 43,30 Metern hat und damit die Kuppeln der Peterskirche in Rom, des Domes in Florenz sowie der St. Pauls Kathedrale in London an Größe übertrifft. Die römischen Architekten vermochten die Möglichkeiten dieses Materials perfekt zu nutzen, wie die Tatsache zeigt, dass sie in verschiedenen Abschnitten der Kuppel dem Mörtel unterschiedliches Material hinzufügten; auf diese Weise erreichten sie, dass der Gussmörtel im oberen Teil der Kuppel ein geringeres Gewicht hatte als in den unteren Partien. Die gebrannten Ziegelsteine und das *opus caementicium* fanden nicht nur in der repräsentativen öffentlichen Architektur Verwendung, sondern stellten auch das Baumaterial dar, aus dem Nutzbauten wie etwa die Bogenstrecken der Wasserleitungen oder die großen Speicher errichtet wurden.

Das Fensterglas, der Bogen und die Verwendung des *opus caementicium* haben die antike Architektur grundlegend verändert. Solche Innenräume wie die Säle der Thermen in Rom wären in griechischer Zeit technisch völlig undenkbar gewesen.

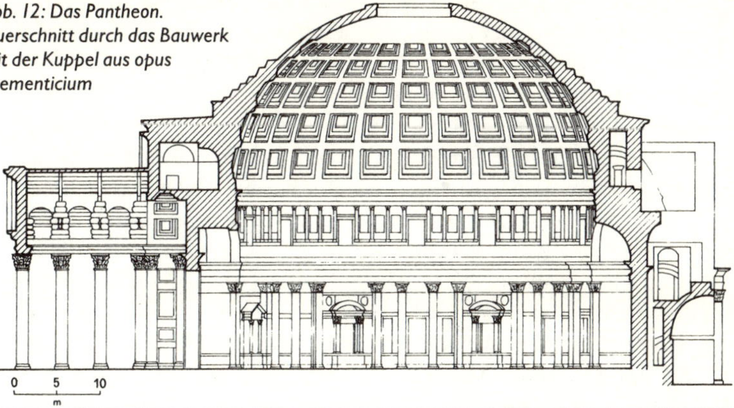

Abb. 12: Das Pantheon. Querschnitt durch das Bauwerk mit der Kuppel aus opus caementicium

Das noch heute existierende Frigidarium der Thermen des Diocletian (284–305 n. Chr.) macht auf den modernen Betrachter durch seine Dimensionen einen geradezu überwältigenden Eindruck: Der Saal mit seinen drei Kreuzgewölben, seit der Renaissance S. Maria degli Angeli, hat bei einer Fläche von 90 × 27 Metern eine Höhe von 28 Metern.

Obwohl derart weite Innenräume in römischen Bauwerken häufig durch ein Gewölbe oder eine Kuppel überdacht wurden, gab es weiterhin Bautypen, für die eine Holzdecke charakteristisch blieb. Für die weitere Entwicklung der römischen Architektur war die Tatsache von Bedeutung, dass die christliche Kirche für ihr Versammlungsgebäude die Form der Basilika übernahm; bei der Breite der seit Constantin dem Großen (306–337 n. Chr.) gebauten Kirchen wurde es notwendig, eine Dachkonstruktion zu verwenden, die den Seitendruck auf die Außenmauern verminderte und gleichzeitig eine große Spannweite ermöglichte. Eine dafür geeignete Konstruktion existierte nachweislich bereits im 2. Jahrhundert n. Chr.; die Sparren wurden mit einem Spannbalken zu einem unverschiebbaren Dreieck zusammengefügt, das dann auf das Mauerwerk aufgesetzt wurde. Mit Hilfe dieser Konstruktion konnte in der Spätantike das breite Mittelschiff der bedeutenden Basiliken überdacht werden.

Ein Problem, das auch die römischen Architekten zu bewältigen hatten, war das Heben der schweren Quadersteine; hierfür wurden Krane eingesetzt, die einerseits Vitruv in ‹de architectura› beschrieben hat und die auf mehreren römischen Reliefs – so etwa auf dem Grabmal der Haterier im Vatikan – bildlich dargestellt sind: Es handelt sich um Krane, die aus mehreren großen Stämmen bestehen, die durch Seile bewegt und fixiert werden konnten. Das Seil, mit dem die Lasten gehoben wurden, lief über eine Kombination von Rollen; auf den römischen Baustellen hat man auf diese Weise den kraftsparenden Effekt des Flaschenzugs genutzt. Um die menschliche Kraft möglichst effizient einzusetzen, war der Kran mit einem Tretrad verbunden, das von mehreren Menschen in Bewegung gesetzt wurde. Flaschenzug und Tretrad kennzeichnen den Entwicklungsstand der römischen Hebetechnik, der bis zur Frühen Neuzeit kaum mehr verbessert worden ist.

Das Transportwesen

Der Landtransport

In der Antike ist der größte Teil der Güter nur über relativ kurze Entfernungen transportiert worden; die meisten Städte wurden mit landwirtschaftlichen Erzeugnissen, vor allem mit Getreide, Wein, Oliven sowie mit frischem Obst und Gemüse aus ihrem Umland versorgt. Die Entfernung, die Bauern zurücklegten, um den städtischen Markt zu erreichen, hat kaum mehr als zehn bis zwölf Kilometer betragen; diese Distanz konnte ein Bauer, der morgens auf den Markt ging und abends in sein Dorf zurückkehrte, mit einem Lasttier an einem Tag bewältigen. Der Bedarf an Produkten des Handwerks wurde zu einem großen Teil von den lokalen Werkstätten gedeckt, so dass auch für die Versorgung der städtischen Bevölkerung mit Gebrauchsgütern keine bedeutenden Transportkapazitäten erforderlich waren.

Das Lasttier war dem von Tieren gezogenen Wagen in verschiedener Hinsicht überlegen: Es benötigte keine ausgebauten Straßen, sondern konnte sich auf Wegen und Pfaden bewegen, größere Steigungen überwinden und Flüsse durchschreiten. Der Esel, der vor allem im ländlichen Bereich als Lasttier diente, war zwar wenig leistungsfähig, aber anspruchslos in Fütterung und Haltung. Für den Transport größerer Mengen von Gütern stellte man – auch im westlichen Imperium Romanum – ganze Karawanen von Lasttieren zusammen, so etwa in Apulien, um das geerntete Getreide an die Küste zu bringen, oder in Gallien, wo das aus Britannien stammende Zinn mit Lasttieren vom Kanal nach Massilia gebracht wurde.

Der von Pferden gezogene Wagen wurde im archaischen Griechenland vorwiegend dazu verwendet, um schnell und mit wenig Mühe an einen entfernten Ort zu gelangen; so erzählt etwa Homer in der Odyssee, wie Telemachos, der Sohn des Odysseus, mit einem Wagen von Pylos nach Sparta fährt. Auf Vasenbildern erscheinen aber auch Wagen, die von Maultieren gezogen werden und mit einer schweren Last, etwa großen Amphoren, beladen sind. Die beiden Räder dieser einachsigen Karren haben keine Speichen, es handelt sich vielmehr um Strebenräder mit einem festen Balken, der die Radnabe mit dem Radkranz verbindet und an dem im rechten Winkel zwei Streben angebracht sind, so dass das Rad Festigkeit besitzt. Daneben existierten auch schwere Ochsenkarren, die zwei große, aus Holzplanken zusammengefügte Scheibenräder besaßen. Die Ochsen wurden paarweise mit einem Joch, das an der Deichsel befestigt war, vor den Wagen angespannt; es gab zwei Formen des Jochs, das übliche Joch, das vor dem hohen Widerrist der Tiere auf dem Nacken lag, und das Stirnjoch, das an die Hörner gebunden wurde. Das Stirnjoch wurde allerdings in der römischen Kaiserzeit von Columella für die Landarbeit abgelehnt, weil bei dieser Anschirrung der Kopf des Tieres nach hinten gezogen werde und die Ochsen nicht mit genügend Kraft ziehen könnten.

Der Landtransport blieb in vielen Regionen des Mittelmeerraumes in der Antike fast unverändert; auf einem spätantiken

Mosaik in der Villa von Piazza Armerina auf Sizilien wird ein von zwei Ochsen gezogener schwerer Wagen mit großen Scheibenrädern dargestellt, in dem wilde Tiere transportiert wurden. Noch im Mittelalter und in der Frühen Neuzeit sind kaum Veränderungen festzustellen. So zeigen – um nur ein Beispiel zu nennen – die Fresken Ambrogio Lorenzettis im Palazzo Pubblico in Siena, wie Getreide in Säcken auf den Rücken von Eseln in die gut regierte Stadt gebracht wird.

In den gallischen Provinzen und in Norditalien sind jedoch in der frühen Kaiserzeit tiefgreifende technische Neuerungen im Transportwesen festzustellen, die wahrscheinlich in engem Zusammenhang mit dem römischen Straßenbau standen. Es existierten seit dem 1. Jahrhundert in den nordwestlichen Provinzen gepflasterte Straßen, die normalerweise nur geringe Steigungen aufwiesen und das ganze Jahr über befahren werden konnten; Flüsse konnten auf Brücken leicht überquert werden. Damit bestanden die Voraussetzungen für eine Entwicklung der Wagen und des Geschirrs. Auf einer Vielzahl von Reliefs aus Gallien sind zweiachsige Wagen mit Speichenrädern zu sehen; diese Wagen, die eine schwere Fracht beförderten, etwa Wein in einem großen Holzfass, wurden von Pferden oder Maultieren gezogen. Es ist für diese Darstellungen charakteristisch, dass die Fuhrleute nicht mehr neben dem Wagen hergingen, sondern auf dem Wagen saßen, ein Indiz dafür, dass diese Fuhrwerke schneller waren als der Ochsenkarren.

Es ist auch deutlich erkennbar, dass die Anschirrung der Pferde verändert wurde. Das Pferd besitzt keinen so ausgeprägten Widerrist wie der Ochse, deswegen erwies sich das Joch als nicht geeignet für das Anspannen von Pferden. Die Pferde gingen nun – anders als Ochsen – zwischen den Stangen, an denen ein Geschirr angebracht war, das um den Hals des Pferdes gelegt wurde. Ein Relief aus Langres zeigt einen Wagen, vor dem vier Pferde paarweise hintereinander angespannt sind. Gerade dieses Relief bezeugt die Fähigkeit der Römer, in der Anschirrung von Pferden neue Wege zu beschreiten. Es war auch möglich, ein einzelnes Pferd vor einen einachsigen Wagen zu spannen. Das Pferd ging zwischen den Stangen, ohne von dem

Geschirr in irgendeiner Weise behindert zu werden. Die ältere Auffassung, in der Antike hätten Pferde nicht zum Ziehen schwerer Lasten eingesetzt werden können, weil das Joch nicht der Anatomie des Pferdes entsprach und eine andere Anschirrung nicht möglich war, ist angesichts neuerer Forschungen und vor allem aufgrund der Auswertung der bildlichen Darstellungen von römischen Fuhrwerken nicht haltbar. Die grundlegenden Innovationen im Transport- und Verkehrswesen setzten sich zwar nicht allgemein im gesamten Mittelmeerraum durch, haben aber immerhin die wirtschaftliche Durchdringung der großen Binnenräume in den nordwestlichen Provinzen ermöglicht.

Im frühen Principat wurde in den nordwestlichen Provinzen neben der Amphore zunehmend auch das Holzfass als Flüssigkeitsbehälter verwendet; das Holzfass besitzt gegenüber der Amphore mehrere Vorteile: Das Verhältnis der Gewichte von Behälter und Flüssigkeit ist wesentlich günstiger, und zudem konnte das Holzfass gerollt werden, wie eine Hafenszene aus Mainz zeigt, während die Amphore getragen werden musste. Außerdem konnten Fässer von unterschiedlicher Größe hergestellt werden, bis hin zu dem großen Fass, das die gesamte Ladefläche eines Wagens einnahm.

Der Schiffbau und die Seefahrt

Das Mittelmeer hatte für die antike Wirtschaft die Funktion einer natürlichen Infrastruktur; sobald Menschen über ein Boot oder ein Schiff verfügten, konnten sie auf dem Meer Güter befördern und so die Chancen des Handels nutzen. Die wirtschaftlichen Vorteile des Seetransports gegenüber dem Landtransport hat Adam Smith für die vorindustriellen Gesellschaften überzeugend deutlich gemacht: Wenn man die Ladung eines Schiffes, das mit einer Besatzung von acht Mann 200 Tonnen Waren befördert, zu Lande zu einem entfernten Zielort bringen wollte, hätte man hierfür 50 schwere Wagen benötigt, die jeweils von acht Pferden, insgesamt also von 400 Pferden gezogen und von 100 Fuhrleuten gefahren werden müssten; während der Fahrt hätte man damit 400 Pferde mit Futter versorgen und nachts in einem Stall unterbringen müssen. Es ist offensichtlich, dass der Seetransport kostengünstiger war als der Landtransport, und insofern bot das Mittelmeer den Bewohnern der Küstenregionen hervorragende Chancen für Kommunikation und Austausch.

Die Schiffe der Griechen waren in archaischer Zeit meist langgestreckte Boote, die von Ruderern vorwärts bewegt wurden, bei günstigem Wind aber auch gesegelt werden konnten. Bis zum 6. Jahrhundert v. Chr. haben sich dann zwei unterschiedliche Schiffstypen entwickelt, einerseits das langgestreckte Ruderschiff, das im Seekrieg und für die Piraterie eingesetzt wurde, und das kürzere Handelsschiff.

Die Taktik des Seekrieges zielte darauf ab, die Schiffe des Gegners durch Rammen zu versenken. Zu diesem Zweck erhielten die Ruderboote am Bug einen Rammsporn, der unterhalb der Wasserlinie den Rumpf des feindlichen Schiffes aufreißen sollte. Um mit dem Schiff eine höhere Geschwindigkeit zu erreichen und eine größere Stoßkraft zu erzielen, war es notwendig, die Zahl der Ruderer zu erhöhen, ohne aber den Rumpf des Schiffes zu verlängern, denn damit hätte es seine Manövrierfähigkeit und seine Seetüchtigkeit eingebüßt. Aus diesem Grund folgte man dem Vorbild der phoinikischen Schiffe und stattete jede Bordseite mit zwei Reihen von Ruderbänken aus. Die Bordwände wurden dafür erhöht, die untere Reihe der Ruderer saß tiefer im Schiffsrumpf; für ihre Riemen besaß die Bordwand nun Öffnungen. Etwa um 500 v. Chr. wurden dann Trieren, Schiffe mit drei Reihen von Ruderbänken, gebaut. Mit solchen Schiffen errangen die Griechen 480 v. Chr. bei Salamis den entscheidenden Sieg über die persische Flotte.

Die Flotten der hellenistischen Herrscher und die römische Flotte bestanden ebenfalls aus Ruderschiffen mit mehreren Ruderreihen an jeder Bordseite. Die Römer haben in ihren ersten Seeschlachten gegen die Karthager allerdings eine andere Taktik angewandt; da sie im Kampf zu Lande den Karthagern überlegen waren, aber weniger Erfahrung im Seegefecht besaßen, gingen sie dazu über, die feindlichen Schiffe zu entern und die Gegner mit schwerbewaffneten Soldaten anzugreifen. Noch Marcus Antonius hat in der Seeschlacht bei Actium 31 v. Chr. die Schiffe seiner Flotte mit Türmen und Katapulten wie für ein Landgefecht ausgerüstet.

Die griechischen Handelsschiffe, die auf Vasenbildern des späten 6. Jahrhunderts v. Chr. dargestellt sind, hatten einen breiten, gedrungenen Rumpf und in der Mitte einen hohen Mast mit einem großen Rahsegel; es handelte sich um echte Segelschiffe, die den Wind als Antrieb nutzten. Gesteuert wurden die Schiffe mit zwei Steuerrudern, die am Heck an beiden Bordseiten schräg im Wasser lagen; ein Steuermann, der in erhöhter Position am Heck saß, konnte beide Steuerruder bedienen. Es war möglich, auf die jeweiligen Windverhältnisse zu reagieren; bei Sturm konnten die Seeleute mit Hilfe der Geitaue die Segel reffen und damit die Segelfläche verkleinern.

Der Bau der Schiffe erfolgte in einer anderen Technik als später im Mittelalter oder in der Neuzeit. Die griechischen Zimmerleute haben zuerst Planken mit dem Kiel und dem Vordersteven sowie dem Achtersteven verbunden und dann weitere Planken angefügt, bis sie auf diese Weise den Rumpf des Schiffes vollendet hatten. Zur Stabilisierung des Schiffskörpers wurden zuletzt die Spanten in den Rumpf eingefügt. Die Schwierigkeit bei dieser als Schalenbau bezeichneten Konstruktionsweise lag in der festen Verbindung der Planken untereinander. Hierfür verwendete man Zapfen aus Holz, die in gegenüberliegende Öffnungen der Planken eingepasst wurden (Nut und Feder), eine Technik, die eine große Präzision verlangt und einen erheblichen Zeitaufwand erfordert. Für den Schiffbau benötigten die Griechen große Mengen an geeignetem Holz; für den Kiel wurden Eichenstämme wegen ihrer Festigkeit bevorzugt, die Planken bestanden oft aus Holz von Nadelbäumen. Der Rumpf wurde durch einen Anstrich mit Mennige oder auch durch eine Bleiverkleidung vor Parasitenbefall geschützt.

Im antiken Schiffbau sind von der archaischen Zeit bis zum Principat eine Reihe von Veränderungen erkennbar; bereits im Hellenismus bestand die Tendenz, immer größere Schiffe zu bauen, die vor allem dem Prestige der Herrscher zu dienen hatten. In der Principatszeit war die Versorgung der Stadt Rom in hohem Maße von den Getreidelieferungen aus Ägypten abhängig, die nach modernen Schätzungen im Jahr ein Volumen von circa 80 000 Tonnen erreichten. Damit stellte die *cura annonae*, das Amt für die stadtrömische Getreideversorgung, hohe Anforderungen an die Transportkapazitäten der Handelsschifffahrt. Gleichzeitig nahm auch das Volumen des Handels mit Wein und Olivenöl deutlich zu; so erhielt die Stadt Rom auf dem Seeweg Olivenöl aus der Provinz Hispania Baetica (Andalusien). Zahlreiche Funde von antiken Wracks erlauben es, zuverlässige Aussagen über die Größe der Schiffe zu treffen. In den meisten Fällen hatten die Schiffe eine Ladekapazität zwischen 100 und 450 Tonnen; dies stimmt mit den juristischen Texten überein, die als Voraussetzung für die Gewährung von Privilegien an die Schiffseigner die Bereitstellung eines Schiffes mit einer Ladekapazität von 340 Tonnen nennen. Bei einer solchen Größe der Schiffe entspräche das aus Ägypten gelieferte Getreide etwa 250 Schiffsladungen.

Unter diesen Voraussetzungen kam es zu deutlichen Verbesserungen vor allem der Takelage der Schiffe; um die Kraft des Windes besser nutzen zu können, wurde über dem Rahsegel ein dreieckiges Topsegel gesetzt; größere Schiffe besaßen noch einen zweiten Mast mit einem Vorsegel. Zeugnisse für Dreimaster sind eher selten, aber es gibt sowohl Erwähnungen in der Literatur als auch Abbildungen von Schiffen mit einem dritten, kleineren Mast am Heck. In der Küstenschifffahrt sind daneben auch Schiffe mit einem Sprietsegel nachweisbar, das parallel zur Kiellinie gestellt ist. Der Mast befindet sich bei solchen Booten weit vorn im Schiff; das Sprietsegel wird von dem Spriet, einer langen, schrägen Stange, die unten am Mast befestigt ist, gehalten.

Die Schiffe der römischen Zeit waren in der Lage, gegen den Wind zu kreuzen, und erreichten auf hoher See beachtliche Geschwindigkeiten. Angaben zur Fahrtdauer auf einigen Routen bietet Plinius in der ‹Naturalis Historia›, wobei zu bedenken ist, dass hier besonders schnelle Fahrten genannt werden. Im einzelnen werden folgende Fahrtzeiten aufgeführt:

Sizilien – Alexandria	7 bzw. 6 Tage
Puteoli – Alexandria	9 Tage
Ostia – Gades	7 Tage
Ostia – Gallia Narbonensis	3 Tage
Ostia – Africa	2 Tage

Für den östlichen Mittelmeerraum bietet der sizilische Historiker Diodoros zwei weitere Angaben:

Asowsches Meer – Rhodos	10 Tage
Rhodos – Alexandria	4 Tage

Angesichts dieser Daten darf allerdings nicht vergessen werden, dass Schiffe bei Windstille oft tagelang nicht aus einem Hafen auslaufen konnten und sich Fahrten durch widrige Windverhältnisse erheblich verzögern konnten. So erwähnt Lukian in dem Text über das Getreideschiff «Isis», dass eine Fahrt von Alexandria nach Rom bis zu 70 Tage dauern konnte, und der Bericht der Apostelgeschichte über die Fahrt des Paulus nach Rom zeigt, in welche Notlage Reisende auf einer Seereise geraten konnten.

Die Schifffahrt diente primär dem Transport von Gütern und dem Fernhandel; es existierten keine Passagierschiffe, Reisende waren deswegen darauf angewiesen, auf einem Handelsschiff mitgenommen zu werden. Während der Fahrt lagerten die meisten Passagiere auf dem Deck; in antiken Berichten wird mehrmals eine hohe Zahl von Passagieren auf einem Schiff erwähnt; so behauptet Flavius Iosephus, es hätten sich auf dem Schiff, mit dem er nach Rom fuhr, 600 Menschen befunden, und in der Apostelgeschichte wird die Zahl der Passagiere auf dem Schiff, das Paulus nach Italien bringen sollte, mit 276 angegeben. Solche Zahlen scheinen unrealistisch hoch zu sein, glaubwürdiger ist die Aussage des Synesius, der über eine Fahrt entlang der afrikanischen Küste berichtet und von 50 Passagieren auf dem Schiff spricht.

In der ersten Hälfte des 1. Jahrhunderts n. Chr. überquerten die Getreideschiffe auf ihrer Fahrt von Italien nach Alexandria auf direkter Route das Mittelmeer, und römische Schiffe fuhren von Gades (heute Cádiz) über den Atlantik nach Britannien. Ein Zeugnis für diese Route ist der Leuchtturm von La Coruña in

Nordwestspanien. Als bedeutendste Leistung der römischen Seeleute sind die Fahrten nach Indien einzuschätzen. Die Schiffe stachen in Myos Hormos oder Berenike an der ägyptischen Küste in See, fuhren durch das Rote Meer und dann mit den Monsunwinden direkt von der Arabischen Halbinsel über den Indischen Ozean zum Hafen Muziris an der Südspitze Indiens.

Die Binnenschifffahrt

In Griechenland und Italien besaß der Transport auf Flüssen keine größere Bedeutung, da es nur wenige schiffbare Flüsse gab und überdies viele Flüsse im Sommer austrockneten. In Italien war die Versorgung der Stadt Rom von der Schifffahrt auf dem Tiber abhängig, und in Norditalien prägte der Po eine ganze Region; aber dies waren Ausnahmen. Anders stellte sich die Situation in Spanien und vor allem in den nordwestlichen Provinzen dar; in den weiten Binnenräumen hatten die Flüsse die Funktion von Verkehrsadern. Die Rhone und die Saône, die Loire, die Maas in Gallien sowie die Mosel und der Rhein in den germanischen Provinzen und der Ebro sowie der Baetis (heute Guadalquivir) in Spanien dienten als wichtige Schifffahrtswege für den Transport von Gütern. Die Binnenschifffahrt ergänzte in diesen Gebieten den Landtransport und hatte damit einen wesentlichen Anteil an der wirtschaftlichen Erschließung dieser Provinzen.

Die Binnenschifffahrt war mit spezifischen Problemen konfrontiert; obwohl die Schiffe auf den Flüssen oft auch Mast und Rahsegel besaßen, war es angesichts der vielen Flusswindungen vor der Begradigung der Flüsse schwierig, den Wind als Antrieb zu nutzen. Die Römer waren deswegen wiederum auf das Rudern angewiesen, vor allem dann, wenn man stromaufwärts fuhr. Und so zeigen mehrere römische Reliefs Schiffe, die mit Fässern beladen waren und von Ruderern vorwärts bewegt wurden. Diese Boote hatten meistens kein geschlossenes Deck, sondern beförderten ihre Ladung im offenen Bootsrumpf. Eine Reihe weiterer Eigenheiten ist ebenfalls durch Reliefs belegt; hier ist zuerst das Steuerruder zu nennen, das am Heck befestigt war und vom Steuermann mit einer Ruderpinne bedient wurde. Auf den Flüssen der nordwestlichen Provinzen hatte sich also eine neue Technik der Steuerung von Schiffen durchgesetzt. Teilweise war die Strömung der Flüsse zu stark, um stromaufwärts zu rudern. In solchen Fällen zog ein Teil der Mannschaft das Schiff an langen Tauen. Bei diesen Treidelkähnen befand sich der Mast, an dem die Taue befestigt waren, typischerweise weit vorn im Schiffsrumpf; auf diese Weise konnte das Schiff leichter seinen Kurs halten. Das Treideln von Schiffen mit Tieren ist zum ersten Mal bei Horaz in dem Bericht über die Reise von Rom nach Brundisium bezeugt; Horaz schildert hier, wie die Reisegesellschaft sich in der Ebene der Pomptinischen Sümpfe auf ein Boot begab, das auf einem Kanal von einem Maultier gezogen wurde. In der Spätantike wurden die Getreideschiffe im Hafen Portus an der Tibermündung entladen; die Kaufleute brachten das Getreide dann auf Schleppkähnen tiberaufwärts nach Rom. Zu diesem Zweck verwendete man Ochsen, die in großer Zahl in Portus auf ihren Einsatz warteten.

In den nordwestlichen Provinzen entwickelte man für den Bau der Schiffe neue Techniken, die aufgrund der Funde von römischen Schiffen am Rheinufer in Mainz gut rekonstruiert werden können: Man ging von der klassischen Schalenbauweise ab und verwendete Holzschablonen (Mallen), durch die Breite und Form des Rumpfes vorgegeben waren. Man hat die Planken mit Eisennägeln fixiert und anschließend den Rumpf mit Spanten verstärkt, so dass die Schablonen entfernt werden konnten. Dieses Verfahren bot wesentliche Vorteile; man konnte auf Nut und Feder verzichten, damit dünnere Planken verwenden und Schiffe von exakt denselben Maßen bauen. Der Gebrauch von Eisennägeln erleichterte den Zimmerleuten erheblich die Arbeit. So sind wichtige Innovationen im Schiffbau ohne Zweifel der Binnenschifffahrt in den nordwestlichen Provinzen zu verdanken.

Die Infrastruktur

Häfen und Straßen – Infrastruktur und Verkehrswesen

Obgleich die antike Schifffahrt das Meer als Verkehrsweg nutzte und damit auf die Errichtung von Infrastrukturanlagen zunächst nicht angewiesen war, reichte es mit den zunehmenden Handelsaktivitäten der archaischen Zeit nicht mehr, am Meeresufer Waren auszutauschen und die Schiffe nach der Seefahrt an Land zu ziehen. Die Griechen begannen daher in dieser Zeit, Häfen anzulegen, die den Schiffen bei schlechtem Wetter Schutz bieten und auch das Be- und Entladen erleichtern sollten. In den Ausführungen über Samos erwähnt Herodot die große Hafenmole, die bei einer Tiefe von über 30 Metern eine Länge von mehr als 300 Metern besaß. Durch den Bau von solchen Molen haben die Griechen vor der Küste offene Hafenbecken geschaffen, in denen die Schiffe ankern konnten. Noch in römischer Zeit hat man auf diese Weise Häfen angelegt, so in Puteoli, wo die Mole aus monumentalen Bögen bestand und weit in das Meer hineinragte, oder in Ancona, wo Traian (98–117 n. Chr.) als dem Erbauer zum Dank ein Ehrenbogen errichtet wurde.

Das römische Vorgehen bei dem Bau von Hafenanlagen beschreibt Vitruv: Zunächst stellte man mit Rammpfählen einen großen Senkkasten her, der keinen Boden hatte und im Wasser stand. Danach füllte man in den Senkkasten *opus caementicium* ein, das hydraulische Eigenschaften hatte und unter Wasser erhärtete. Für den Fall, dass kein *opus caementicium* zur Verfügung stand, empfahl Vitruv eine andere Methode; der Kasten bestand hier aus zwei Holzwänden, die mit Ton abgedichtet wurden, so dass er leergepumpt werden konnte; damit war es möglich, ein Fundament im Trocknen zu legen. Nach Vitruv bestand bei einer Küste mit einer starken Strömung außerdem die Möglichkeit, den Baukörper, der sich schließlich unter Wasser befinden sollte, auf einer Plattform vollständig herzustellen, ihn zwei Monate lang austrocknen und dann langsam auf Grund sinken zu lassen. Ein anschaulicher Bericht über den Bau des Hafens von Centumcellae findet sich in den Briefen von Plinius: «In einer Bucht wird eben jetzt ein Hafen angelegt, dessen linke Mole bereits auf solidem Fundament ruht, während an der rechten noch gearbeitet wird. Vor der Hafeneinfahrt entsteht eine Insel, die als Wellenbrecher gegen die vom Wind herangetriebenen Wassermassen dienen und auf beiden Seiten den Schiffen ein sicheres Einlaufen gewähren soll. Das Ganze entsteht durch eine Technik, die sehenswert ist. Ein breites Lastschiff bringt gewaltige Felsblöcke heran; diese werden einer nach dem anderen versenkt, bleiben durch ihr Eigengewicht an Ort und Stelle und fügen sich nach und nach zu einer Art Damm zusammen. Schon ragt ein steinerner Rücken sichtbar aus dem Wasser, der die anbrandenden Wogen bricht und weithin aufwallen lässt.» (Übersetzung von H. Kasten)

Eine technische Meisterleistung war der Bau des Hafens an der Tibermündung. Bis zum 1. Jahrhundert n. Chr. fehlte an der Küste vor Rom ein Hafen für die großen Frachtschiffe, die das Getreide aus Ägypten nach Italien brachten. Claudius, dem es darauf ankam, die Getreideversorgung der Stadt Rom zu sichern, erteilte den Auftrag, einen solchen Hafen zu bauen; obgleich die Architekten die Pläne als unrealisierbar ablehnten, beharrte Claudius auf der Ausführung des Projektes. An Land wurde ein großes Becken ausgehoben, und gleichzeitig errichtete man zwei große Molen, so dass ein rundes Hafenbecken entstand. Ein großer Wellenbrecher schützte die Einfahrt; das Fundament für diesen Wellenbrecher, auf dem ein Leuchtturm errichtet wurde, hat man geschaffen, indem an dieser Stelle ein großes, mit Steinen beladenes Schiff versenkt wurde. Traian ließ später landeinwärts ein zweites sechseckiges Hafenbecken anlegen, das über 700 Meter lang war und Anlegeplätze für mehr als 100 Schiffe bot.

Viele antike Häfen besaßen einen Leuchtturm; den ersten Leuchtturm ließen die Ptolemaier im 3. Jahrhundert v. Chr. auf der vor Alexandria gelegenen Insel Pharos errichten; da die Küste Ägyptens sehr flach war, fehlte den Seeleuten hier ein

Orientierungspunkt, der dann mit dem hohen Leuchtturm gegeben war. Wahrscheinlich wurde seit dem 1. Jahrhundert v. Chr. auf der Spitze des Turms ständig ein Feuer unterhalten, so dass er selbst bei Nacht aus größerer Entfernung wahrgenommen werden konnte. Im Imperium Romanum sind viele Leuchttürme nachweisbar, so an der Straße von Messina oder bei Dover. Der Leuchtturm von Portus, dem Hafen an der Tibermündung, ist mit seinem Feuer an der Spitze auf dem großen Relief, das den Hafen zeigt, bildlich dargestellt (Museo Torlonia, Rom). Noch heute existiert der Leuchtturm von Brigantium in Nordwestspanien (heute La Coruña), der ein wichtiges Zeugnis für die römische Schifffahrt auf dem Atlantik darstellt.

Der Bau von Kanälen erfüllte zwei Funktionen: Einerseits sollte Schiffen die gefährliche Fahrt in der stürmischen See um ein Vorgebirge erspart werden, andererseits sollten für den Transport von Gütern Binnenschifffahrtswege oder Seewege als Verbindung zwischen zwei Meeren geschaffen werden. Frühe Kanalbauten werden bei Herodot erwähnt; unter dem Pharao Necho (610–595 v. Chr.) haben die Ägypter den Nil und das Rote Meer durch einen Kanal miteinander verbunden, und die Perser ließen bei der Vorbereitung des Feldzuges gegen die Griechen für ihre Flotte einen Kanal durch die über zwei Kilometer breite Landenge der Halbinsel Athos bauen. Für die römische Zeit sind mehrere Kanalbauten belegt, einige Projekte sind jedoch nicht vollendet worden. Während des Krieges gegen die Kimbern und Teutonen ließ Marius an der Mündung der Rhone einen Kanal anlegen, da die Flussarme versandet und damit nicht mehr schiffbar waren. Der Kanal wurde der Stadt Massilia übergeben, die für die Durchfahrt einen Zoll erhob, der zum Reichtum der Stadt erheblich beigetragen haben soll. Unter Nero planten die Architekten Severus und Celer einen Kanal zwischen Puteoli und Ostia, so dass zwischen Rom und dem Golf von Neapel die gefährliche Fahrt an der Küste entlang nicht mehr notwendig gewesen wäre; auch die Arbeiten am Kanal durch den Isthmos von Korinth wurden nach Neros Tod eingestellt. Dieser Kanal sollte eine Verbindung zwischen der Ägäis und der Adria herstellen; damit hätte auch die Fahrt um das als gefährlich geltende Kap Malea vermieden werden können. Kanalbauten in den gallischen Provinzen wiederum hatten vor allem die Funktion, die Versorgung der Legionen zu sichern. Im Jahr 47 n. Chr. wurde ein Kanal zwischen Rhein und Maas gebaut, während einige Jahre später das Projekt eines Kanals zwischen Mosel und Saône aufgegeben wurde. Über die Motive solcher Planungen informiert ein Brief des Plinius, der Traian den Bau eines Kanals in der Nähe von Nicomedia in Kleinasien mit der Begründung empfahl, dass Marmorblöcke, Früchte und Holz mit geringem Aufwand über einen See transportiert werden könnten, dann aber auf der Straße unter großen Mühen und Kosten ans Meer gebracht werden müssten. Für Plinius stand also die Senkung der Transportkosten im Vordergrund.

Für den Verkehr und das Transportwesen im antiken Mittelmeerraum hatte neben den Seewegen das römische Straßennetz eine herausragende Bedeutung, das seinen Ursprung im 4. und 3. Jahrhundert v. Chr., in der Zeit der langdauernden militärischen Konflikte zwischen den Römern und den Völkern Italiens, hatte. In diesen Kriegen war das Interesse der Römer auf die im Binnenland gelegenen Regionen Mittelitaliens gerichtet, nicht auf das Meer, wie dies bei den Griechen der Fall gewesen war. Aus politischen und strategischen Überlegungen hat man gegen Ende des 4. Jahrhunderts und im 3. Jahrhundert v. Chr. die ersten großen Fernstraßen gebaut, die *via Appia* von Rom zum Golf von Neapel und die *via Flaminia* von Rom nach Ariminum, dem heutigen Rimini. Mit der *via Flaminia* war eine Verbindung zwischen Rom und dem Gebiet an der nördlichen Adria geschaffen worden, in dem zuvor römische Bürger angesiedelt worden waren. Eine entscheidende Voraussetzung des römischen Straßenbaus in Mittel- und Norditalien ist die Tatsache, dass der Seeweg von Rom zur Poebene um Italien herum extrem lang war und damit die kürzere Landverbindung in diesem Fall dem Seeweg gegenüber Vorteile besaß. Im 2. Jahrhundert v. Chr. wurde dann die Erschließung der Poebene durch den Straßenbau forciert.

Der römische Straßenbau diente zunächst vor allem militärischen Zwecken; es ging darum, dass die Armee möglichst schnell ihren jeweiligen Einsatzort erreichen und die annektierten Gebiete militärisch sichern konnte. Die Straßen wurden dann zunehmend von der Zivilbevölkerung genutzt, und es ist typisch, dass ein Relief aus Gallien neben einem Pferdegespann auch einen Meilenstein zeigt und so auf die Nutzung einer *via publica* (einer öffentlichen Fernstraße) hinweist. In den meisten römischen Provinzen wurde während des frühen Principats eine leistungsfähige Verkehrsinfrastruktur geschaffen. So hat M. Agrippa in Gallien Lugdunum (heute Lyon) zum Zentrum eines Straßennetzes gemacht, das die Provinz Gallia Narbonensis (Südfrankreich) mit dem Atlantik im Westen, der Kanalküste im Norden und dem Rhein im Nordosten verband und damit die großen Binnenräume Galliens für den Güteraustausch erschloss. Dasselbe gilt auch für die spanischen Provinzen; hier stellte die unter Augustus gebaute *via Augusta* eine Straßenverbindung zwischen den Pyrenäen und der Stadt Gades (heute Cádiz) am Ozean her.

Die Straßen waren so trassiert, dass sie das ganze Jahr über befahren werden konnten. Starke Steigungen wurden ebenso wie kurvenreiche Strecken möglichst vermieden, und das Pflaster verhinderte, dass starke Regenfälle eine Straße unpassierbar machten. Welchen Eindruck die römischen Straßen auf einen Griechen machten, geht aus einer Bemerkung von Plutarch über die Straßenbauaktivitäten des C. Gracchus hervor: «Schnurgerade zogen die Straßen durch das Land, teils mit behauenen Steinen gepflastert, teils mit aufgeschüttetem Sand bedeckt, der festgestampft wurde. [...] Jede Wegstrecke war nach Meilen unterteilt, und zur Angabe der Distanzen waren von Meile zu Meile steinerne Säulen aufgestellt.» Es gibt nur einen einzigen römischen Text, der die Technik des Straßenbaus präzise beschreibt; es handelt sich um das Lobgedicht des Statius auf die *via Domitiana*, die die Wegstrecke zwischen Rom und Neapel deutlich verkürzt hat. Nach Statius wurden zunächst die Straßenränder abgesteckt, danach hat man den Zwischenraum tief ausgegraben und mit Material so aufgefüllt, dass die Pflastersteine bei Belastung nicht nachgaben. Die Festigkeit der römischen Straßen in Italien hat noch Prokop im 6. Jahrhundert

n. Chr. beeindruckt: «So fest sind die Steine zusammengefügt und verbunden, dass sie beim Betrachter den Eindruck erwecken, nicht miteinander verfugt, sondern verwachsen zu sein. Und obschon lange Zeit Tag für Tag darüber viele Lastwagen fuhren und alle möglichen Lebewesen auf ihnen gingen, haben sich weder die Steine aus ihrer Verfugung irgendwie gelöst noch ist einer von ihnen zerbrochen oder kleiner geworden; nicht einmal an Glanz büßten sie ein.»

Für das Straßennetz stellte der römische Brückenbau einen wesentlichen Fortschritt dar, denn es war möglich geworden, breite Flüsse oder in gebirgigen Regionen auch tiefe Geländeeinschnitte zu überbrücken und damit weite Umwege in der Straßenführung zu vermeiden, ein Tatbestand, der Plutarch ebenfalls aufgefallen ist: «Vertiefungen füllte man aus und baute Brücken, wo Gießbäche oder Schluchten das Gelände durchschnitten, und da die Ufer auf beiden Seiten gleichmäßig erhöht wurden, gewann das ganze Werk ein ebenmäßiges und schönes Aussehen.» Voraussetzung war die Beherrschung der Technik des Bogenbaus. Durch Brücken hat man in der Zeit der Republik eine Verbindung der Stadt Rom mit den Regionen jenseits des Tibers hergestellt; welche Perfektion die römischen Architekten bei dem Bau von steinernen Bogenbrücken erreicht haben, zeigt in Rom insbesondere der *pons Fabricius*, der noch heute den Stadtteil am Fuße des Kapitols mit der Tiberinsel verbindet. Die 62 v. Chr. errichtete Brücke besitzt zwei Bögen mit einer Spannweite von über 34 Metern. Zwischen den beiden Bögen befindet sich im Pfeiler ein Überlauftunnel, der bei Hochwasser den Druck der Strömung auf den Brückenkörper reduzieren sollte, und ein Wellenbrecher schützt den Pfeiler an der Seite stromaufwärts. Viele römische Brücken besitzen hohe Bögen, so dass es notwendig war, die Straße an beiden Seiten auf einem steil ansteigenden Damm an die Brücke heranzuführen, um dann den Fluss in großer Höhe zu überqueren. Diese Konstruktion orientierte sich an den Hochfluten des Winters und insbesondere des Frühjahrs und sollte verhindern, dass die Brückendecke überflutet oder das Brückenbauwerk sogar von der Strömung fortgerissen wurde. In den spanischen Provinzen wurden Brücken über breite Flusstäler gebaut; die längste römische Steinbrücke war die über den Guadiana bei Augusta Emerita (heute Mérida); sie besaß bei einer Länge von 790 Metern 60 Bögen.

Die Römer waren in der Lage, die Fundamente für die Brückenpfeiler im Flussbett anzulegen; dieses Verfahren war aber technisch so aufwendig, dass nach Möglichkeit die Pfeiler am Ufer errichtet wurden; man nahm dabei in Kauf, dass die Bögen einer Brücke eine unterschiedliche Spannweite hatten. Einige Brücken führten die Straße in großer Höhe über ein Flusstal, so etwa die Brücke von Narni nördlich von Rom, die den Nar in einer Höhe von 30 Metern überquert hat. Höhepunkt des römischen Brückenbaus war zweifellos die unter Traian errichtete Brücke von Alcantara in Spanien, die bei einer Länge von 194 Metern sechs Bögen hatte, wobei der größte Bogen eine Spannweite von 28,8 Metern besaß. Die Höhe von 48 Metern über dem Wasserstand des Tagus erforderte ungewöhnlich massive Pfeiler.

Die Römer besaßen die Fähigkeit, sich bei der Errichtung von Brücken an die jeweiligen Gegebenheiten des Geländes anzupassen und besondere Schwierigkeiten durch unkonventionelle Lösungen zu überwinden. Die Strömung der Rhone bei Arelate (heute Arles) etwa ist so stark, dass die Römer hier nicht wie sonst eine Steinbrücke, sondern eine Ponton-Brücke gebaut haben; der Brückenkörper aus Holz wurde von Booten getragen, die durch Seile fest mit zwei stromaufwärts am Ufer errichteten monumentalen Pfeilern verbunden waren. Ein anderes in der Antike berühmtes Bauwerk war die von Apollodor von Damaskus errichtete Brücke über die untere Donau. Sie diente während der Dakerkriege des Traian vor allem militärischen Zwecken und besaß bei einer Länge von über 1000 Metern zwanzig Pfeiler aus Stein, die eine Höhe von über 40 Metern hatten; auf den Pfeilern ruhte eine Holzkonstruktion mit weiten Segmentbögen. Die Darstellung auf der Traianssäule zeigt ebenso wie die Tatsache, dass Apollodor eine Schrift über die Brücke verfasste, welche Bedeutung diesem Bauwerk beigemessen wurde.

Die Leistung der Römer im Bereich des Straßenbaus ist einzigartig; von Britannien bis nach Nubien, von Mauretanien bis nach Syrien wurden gepflasterte Fernstraßen mit einer Länge von insgesamt ca. 80 000 Kilometern gebaut; in allen Provinzen des Imperium Romanum konnten die Menschen Verkehrswege nutzen, dic das ganze Jahr über befahrbar waren und die außerhalb der Städte Stationen hatten, in denen Händler und Reisende übernachten und Zugtiere versorgt werden konnten; zudem erleichterten die an der Straße aufgestellten Meilensteine die Orientierung. Strabon charakterisierte die römischen Straßen durch den Hinweis, sie ermöglichten es, ganze Bootsladungen mit einem Wagen zu befördern. Das römische Straßensystem besaß ohne Zweifel weit über seine militärischen Funktionen hinaus eine erhebliche Bedeutung für Wirtschaft und Gesellschaft und schuf die Voraussetzungen für die wirtschaftliche Durchdringung und für die Romanisierung der weiten Binnenräume des Imperiums. Bereits in der Antike wurde dies anerkannt, wie die Bemerkungen von Aelius Aristides aus dem 2. Jahrhundert n. Chr. bezeugen: «Was Homer sagte, ‹aber die Erde ist allen Menschen gemeinsam›, wurde von euch tatsächlich wahr gemacht. Ihr habt den ganzen Erdkreis vermessen, Flüsse überspannt mit Brücken verschiedener Art, Berge durchstochen, um Fahrwege anzulegen, in menschenleeren Gegenden Poststationen eingerichtet und überall eine kultivierte und geordnete Lebensweise eingeführt.»

Die Wasserversorgung

Die naturräumlichen Gegebenheiten haben auf die Wasserversorgung im mediterranen Raum gravierende Auswirkungen: Die Niederschlagsmengen sind im Jahresverlauf höchst unterschiedlich verteilt, die Trockenheit im Sommer führt zu Wasserknappheit, die Grundwasservorkommen sind eher gering, und ferner besteht das Problem, dass die Kalksteingebirge Wasser nicht hinreichend speichern. Unter diesen Umständen war es in der Antike schwierig, Städte ausreichend mit Wasser zu versorgen. Dies gilt vor allem dann, wenn die Städte entweder an Plätzen gegründet worden waren, die gut zu verteidigen waren oder verkehrsgünstig lagen, aber keine hinreichenden Quellen hatten, oder ihre Bevölkerung so stark gewachsen war, dass das lokale Wasserdargebot zur Versorgung der Bevölkerung nicht mehr ausreichte.

Neben Quellen haben vor allem Brunnen die Wasserversorgung gesichert. Wie aus den Gesetzen Solons hervorgeht, wurden in Attika Brunnen bis zu einer Tiefe von ca. 18 Metern gegraben; als längster Weg, der zum Brunnen zurückgelegt werden musste, werden vier Stadien (ca. 730 Meter) genannt. Wasser wurde in großen, etwa zehn Liter fassenden Tongefäßen (Hydria) transportiert, die in Attika von Frauen auf dem Kopf getragen wurden, wie zahlreiche schwarzfigurige Vasenbilder zeigen. Am Brunnen war ein Hebebalken angebracht, der mit einem Gewicht versehen war, so dass das Heben der mit Wasser gefüllten Hydria erleichtert wurde.

Im 6. Jahrhundert v. Chr. hat man in verschiedenen griechischen Städten Brunnenhäuser errichtet, so in Korinth die Peirene-Krene, in Megara das Brunnenhaus des Theagenes, das ein großes Becken besaß, dem die Frauen das Wasser entnehmen konnten, und in Athen das aus der Zeit des Peisistratos stammende Enneakrounos-Brunnenhaus, das bei Pausanias erwähnt wird und dessen Reste man am südlichen Rand der Agora gefunden hat. Das Brunnenhaus in Athen war mit Wasserspeiern versehen; es handelte sich um einen Laufbrunnen, und es war möglich, die Hydria einfach unter den Wasserstrahl zu stellen. Wurde Wasser aus einem Brunnenhaus geholt, war es nicht mehr notwendig, das schwere Gefäß aus einem tiefen Brunnen hochzuziehen. Durch die zentrale innerstädtische Lage der Brunnenhäuser wurde der Weg, den die Frauen das Wasser zu tragen hatten, meist wohl erheblich abgekürzt.

In Korinth wurde Grundwasser in Sickergalerien, die horizontal in den Fels hineingetrieben worden waren, aufgefangen und dann zum Brunnenhaus geleitet. In Athen erwies es sich als notwendig, das Wasser aus einer Quelle am Hymettos-Gebirge im Osten der Stadt über eine Entfernung von mehr als 7 Kilometern durch das Tal des Ilissos zum Brunnenhaus auf der

Agora zu führen; diese unterirdische Leitung bestand aus Tonröhren und war noch im 6. Jahrhundert v. Chr. angelegt worden. Ebenfalls aus archaischer Zeit stammt die Wasserleitung auf Samos; zwischen der Quelle und der Stadt lag ein hoher Bergrücken, durch den der Architekt Eupalinos einen über 1000 Meter langen Tunnel für die Leitung bauen ließ. Um die Bauzeit möglichst abzukürzen, hat man den Bau des Tunnels von beiden Seiten zugleich begonnen, was eine präzise Vermessung des Berges und genaue Trassierung der Tunnelstrecke voraussetzte. Ebenso wie die Mole am Hafen von Samos hat Herodot auch den Tunnel in seinem Geschichtswerk erwähnt. Der Historiker würdigt die technische Leistung besonders dadurch, dass er den Architekten mit Namen nennt.

Als in der Zeit des Hellenismus die Attaliden den Burgberg von Pergamon zu ihrer Residenz ausbauten, stellte sich das Problem einer ausreichenden Wasserversorgung in aller Schärfe. Es gab in den Häusern von Pergamon zwar Zisternen, in denen Regenwasser gespeichert werden konnte, aber es fehlte eine angemessene Versorgung mit frischem Quellwasser. Aus diesem Grund wurden mit größtem technischen und finanziellen Aufwand die Wasservorkommen im etwa 40 Kilometer nördlich gelegenen Madradag-Gebirge erschlossen. Da Pergamon auf einem hoch aufragenden Berg liegt, war es in diesem Fall nicht möglich, wie üblich eine Leitung mit einem Gefälle zur Stadt zu bauen; die griechischen Architekten haben daher die Freispiegelleitung, in der das Wasser aufgrund des Gefälles fließt, bis zu einem Punkt des Gebirges geführt, der noch höher als Pergamon liegt, dort eine Wasserkammer eingerichtet und von diesem Punkt aus bis zur Stadt Pergamon eine etwa drei Kilometer lange Druckrohrleitung wahrscheinlich aus Bleirohren verlegt. Diese Wasserleitung hat G. Garbrecht zu Recht als eine der «großartigsten Leistungen der antiken Hydrotechnik» bezeichnet.

In Rom begann der Bau großer Wasserleitungen wie der Bau der Fernstraßen mit Appius Claudius, der 312 v. Chr. das Amt der Censur, bekleidete. Da in dieser Zeit die Brunnen und Quellen auf dem Gebiet der Stadt Rom nicht mehr für den Bedarf der Bevölkerung an Trinkwasser ausreichten, ließ Appius Claudius das Wasser einer östlich von Rom gelegenen Quelle in einer unterirdischen Leitung über eine Entfernung von mehr als 16 Kilometern in die Stadt führen; mit dieser *aqua Appia* begann der bis zum Principat des Traian konsequent fortgesetzte Ausbau der stadtrömischen Wasserversorgung. Bereits 272 v. Chr. folgte der Bau des *Anio Vetus*, und 144 v. Chr. gab der Senat dem Praetor Quintus Marcius Rex den Auftrag, diese beiden Leitungen instand zu setzen und eine ausreichende Trinkwasserversorgung der Bevölkerung sicherzustellen. Daraufhin veranlasste Marcius den Bau der *aqua Marcia*, die Wasser aus dem Tal des Anio über eine Distanz von mehr als 80 Kilometern nach Rom leitete. Die Bogenstrecke vor Rom hatte eine Länge von etwa 10 Kilometern. Die Kosten der *aqua Marcia* sollen sich auf 180 Mio. Sesterzen belaufen haben, ein Betrag, dessen Höhe dann deutlich wird, wenn man ihn mit dem Jahressold eines römischen Soldaten vergleicht. Ein Soldat erhielt in der späten Republik (2.–1. Jahrhundert v. Chr.) 480 Sesterzen im Jahr, für den Sold einer Legion mussten bei einer Stärke von 6000 Mann demnach 2,88 Mio. Sesterzen aufgebracht werden. Unter Augustus wurden auf Veranlassung von M. Agrippa drei weitere Leitungen gebaut, und Claudius hat dann die noch unter Gaius begonnenen Leitungen, den *Anio Novus* und die *aqua Claudia*, vollendet; diese beiden Leitungen haben die Wasserversorgung der Stadt Rom erheblich verbessert.

Der in Rom erreichte Standard der städtischen Wasserversorgung setzte sich sehr rasch auch in Italien und in den Provinzen durch, und seit der augusteischen Zeit sind zahlreiche Initiativen ergriffen worden, um die Versorgung der Städte in den Provinzen mit frischem Trinkwasser sicherzustellen. Die Wasserleitungen von Nemausus (heute Nîmes), Lugdunum (heute Lyon), Segovia, Augusta Emerita (heute Mérida), Saldae und Carthago können hier als Beispiele genannt werden; auch in den östlichen Provinzen haben die Römer Wasserleitungen gebaut, so etwa für die Stadt Aspendos in Kleinasien. In vielen Fällen war es notwendig, aufwendige Bauwerke zu errichten, um das Wasser in die Städte zu leiten. Die Wasserleitung von Nîmes musste bei-

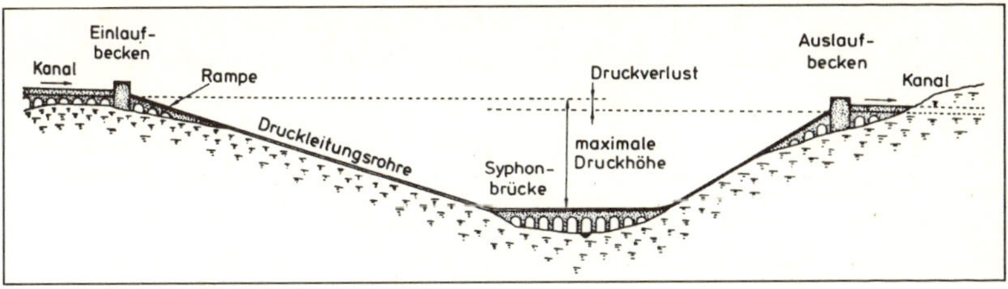

Abb. 13: Die Druckstrecke einer römischen Wasserleitung. Schematische Darstellung

spielsweise über das breite Tal des Gard geführt werden; zu diesem Zweck bauten die Römer den Pont du Gard, eine 48 Meter hohe und 275 Meter lange Aquäduktbrücke. Der Pont du Gard besteht aus drei übereinander liegenden Bogenreihen, wobei die beiden unteren Bogenreihen bei einer unterschiedlichen Spannweite der Bögen dieselbe Pfeilerstellung aufweisen. Der größte Bogen hat eine Weite von 24,4 Metern. Die Leitungen für Lyon besitzen mehrere Druckstrecken, die aus bis zu 12 parallel gelegten Bleirohren bestanden; allein für die Druckstrecken der Gier-Leitung waren bei einer Länge von insgesamt mehr als 5 Kilometern nach modernen Schätzungen mehr als 10 000 Tonnen Blei erforderlich. Für die Leitung von Saldae in Nordafrika wiederum musste ein Tunnel geplant und gebaut werden, der schließlich mit Unterstützung des Vermessungstechnikers Nonius Datus der 3. Legion Augusta vollendet wurde, worüber eine Inschrift ausführlich berichtet (Inscriptiones Latinae selectae = ILS 5795).

Eine römische Wasserleitung weist eine Reihe typischer Elemente auf, die sich mit geringen Abweichungen immer wieder finden lassen. Am Anfang einer Leitung befindet sich die Wasserfassung, meist ein Quellhaus, bisweilen auch ein Ableitungsbauwerk, das Oberflächenwasser aus einem Fluss in die Leitung einspeist. Die Leitung selbst ist in der Regel ein Freispiegelkanal mit einem leichten Gefälle, so dass das Wasser kontinuierlich fließen konnte. Der Kanal war gemauert und hatte innen einen Verputz aus wasserdichtem Mörtel, der mit Farbe bestrichen wurde, um die Wände zu glätten und damit den Reibungswiderstand zu verringern. Die Leitung passte sich über weite Strecken den Konturen des Geländes an. Bei einer Talüberquerung bestanden zwei Möglichkeiten; bis zu einer Höhe von etwa 45–50 Metern errichtete man eine Aquäduktbrücke, bei größeren Höhen war eine Stabilität des Bauwerks nicht mehr gewährleistet, weswegen ein tieferer Geländeeinschnitt mit einer Druckrohrleitung durchquert wurde. Am Anfang einer Druckleitung liegt das Einlaufbecken, in das der Freispiegelkanal mündet und von dem die Rohrleitungen ausgehen; am Auslaufbecken wird das Wasser wiederum in einen Freispiegelkanal eingeleitet. Um den Wasserdruck zu reduzieren, haben die Römer eine Talbrücke gebaut, auf der die Bleirohre verlegt wurden.

Eine erhebliche Schwierigkeit bei dem Bau einer Wasserleitung bestand in der Nivellierung; für einen gleichmäßigen Abfluss des Wassers war ein über die ganze Länge der Leitung möglichst gleichbleibendes Gefälle erforderlich; wichtigstes Gerät für die Nivellierung war der von Vitruv beschriebene Chorobat, der aus einem etwa 6 Meter langen Balken besteht, der die Funktion eines Richtscheits und an beiden Enden senkrecht eingelassene Schenkel hat. Diese Schenkel sind im gleichen Winkel durch schräge Streben mit dem Richtscheit verbunden. Auf den Streben sind senkrechte Linien gezeichnet, und am Richtscheit ist für jede Linie ein Lot angebracht; wenn dieses sich genau auf der gezeichneten Linie befindet, steht der Chorobat exakt waagerecht, und jede Abweichung wird durch die Lote leicht angezeigt. Mit diesem Gerät war es möglich, selbst ein extrem niedriges Gefälle genau zu bestimmen. Entsprechend dem jeweiligen Gelände konnten die Leitungen ein unterschiedliches Gefälle aufweisen; es reicht von 0,35 Meter/Kilometer (Nîmes) bis zu 16,8 Meter/Kilometer (Lyon).

Die Leitungen endeten im Verteilerbauwerk, das in Pompeji und Nîmes noch erhalten ist. In Nîmes floss das Wasser durch den Kanal in ein großes rundes Becken, von dem Rohrleitungen ausgingen, die dann die einzelnen Stadtteile mit Wasser versorgten. Vitruv hat in ‹de architectura› ein solches Verteilerbauwerk *(castellum)* beschrieben; seiner Auffassung nach sollten die öffentlichen Brunnen, die Bäder und die Privathäuser je eine eigene Zuleitung haben, so dass die Versorgung der öffentlichen Brunnen auf jeden Fall gesichert war. Für die Wasserversorgung der Bevölkerung waren die Laufbrunnen innerhalb des Stadtgebietes entscheidend. In Pompeji sind bislang 40 Brunnen mit einem Becken ausgegraben, die über das gesamte Stadtgebiet verteilt sind; damit war in allen Stadtteilen der Weg zum Brunnen weniger als 100 Meter lang. In der Aufstellung des Frontin werden für die Stadt Rom 591 Laufbrunnen verzeichnet, so dass auch hier mit einer ähnlichen Situation wie in Pompeji gerechnet werden kann. In Pompeji sind viele Brunnen mit einem kleinen Turm verbunden, an dessen Spitze sich ein Wasserbecken befand; das Wasser wurde erst in dieses Becken und dann in den Brunnen geleitet. Diese Konstruktion sollte den hohen Wasserdruck, der aufgrund des großen Höhenunterschieds zwischen dem Verteilerbauwerk und den tiefergelegenen Stadtteilen entstand, ausgleichen und eine gleichmäßige Wasserversorgung aller Brunnen sichern. Während die oberen Stockwerke der großen Wohnhäuser in Rom keine Wasserleitungen besaßen, hatten viele Privathäuser in Rom wie in Pompeji einen ebenerdigen Wasseranschluss. In Pompeji wurden auf diese Weise die zahlreichen Brunnen in den privaten Gärten gespeist.

Mit diesen Wasserleitungen allein war der Wasserbedarf der Städte über den Verlauf eines gesamten Jahres jedoch nicht in allen Regionen des Imperium Romanum zu sichern. Wie die Häuser in Pompeji zeigen, bestand auch für die an das Wasserleitungsnetz angeschlossenen Häuser die Möglichkeit, zusätzlich durch die große Öffnung im Dach des Atrium Regenwasser im Impluvium aufzufangen und als Brauchwasser zu nutzen. Generell gab es zwei Formen des Wasserspeichers, die Zisterne und die Talsperre. Solche Zisternen, die im Gebiet einer Stadt am Ende einer Leitung angelegt worden sind, konnten in der Principatszeit geradezu monumentale Ausmaße erreichen wie die ‹Piscina Mirabilis› in Misenum, die eine Grundfläche von 70 × 25 Metern und ein Fassungsvermögen von 12 600 m^3 besaß; die Decke dieser Zisterne wurde von 48 Pfeilern getragen. Die Talsperren wiederum sollten in Gegenden mit extrem trockenen Sommern Wasser im Winter auffangen und speichern, so dass auch in der trockenen Jahreszeit genügend Wasser in die Leitung eingespeist werden konnte. Zwei solcher Staudämme sind in der Umgebung von Mérida noch gut erhalten und in Funktion, der Proserpina-Staudamm und der Cornalvo-Staudamm. Den Staumauern vorgelagert stehen im Wasser ein oder zwei Entnahmetürme mit einem Becken, aus dem das Wasser in die Leitung hineinfließt. Für das 6. Jahrhundert n. Chr. ist das Prinzip der Bogenstaumauer belegt: Bei Dara in Nordmesopotamien wurde eine Staumauer errichtet, die den Ort vor Überschwemmungen schützen sollte, wie Prokop schreibt: «Nun ist diese Sperrmauer nicht in gerader Richtung angelegt, sondern halbmondförmig geschwungen, damit die Krümmung, welche in der Flussströmung liegt, noch mehr dem gewaltsamen Andrang widerstehen kann. [...] Dies alles soll dazu dienen, dass sich der Fluss bei einem etwaigen plötzlichen Anstieg hier zusammendrängen muss und nicht in aller Macht weiterströmen kann.»

Die Römer selbst haben der Wasserversorgung eine große politische und soziale Bedeutung beigemessen; in der Einleitung der Schrift über die Wasserleitungen Roms betont Frontin, dass die Wasserversorgung sich auf den Nutzen, die Gesundheitsfürsorge und die Sicherheit (*usus*, *salubritas* und *securitas*) der Öffentlichkeit erstreckt. Selbstbewusst vergleicht Frontin die Wasserleitungen Roms mit den ägyptischen Pyramiden und den griechischen Bauwerken, die als nutzlos abqualifiziert werden. Plinius schließlich hat die römische Sicht besonders eindrucksvoll formuliert: «Wenn man den Überfluss an Wasser in der Öffentlichkeit, in Bädern, Fischteichen, Kanälen, Häusern, Gärten und Landgütern nahe bei der Stadt, die Wege, die das Wasser durchläuft, die errichteten Bogenstrecken, die durchgrabenen Berge und eingeebneten Täler sich genau vergegenwärtigt, wird man gestehen müssen, dass es auf der ganzen Erde nie etwas Bewundernswerteres gegeben hat.»

Die Kommunikation – Schrift und Buch

Die Bedeutung schriftlicher Aufzeichnungen für die Leistungsfähigkeit einer Gesellschaft ist bereits in der Antike gesehen und reflektiert worden. In der Tragödie des Aischylos erscheint die Schrift unter den Gaben, die Prometheus den Menschen gebracht hat und die überhaupt erst die menschliche Zivilisation ermöglichen. Auch Herodot widmet in seinem Geschichtswerk den Anfängen der Schrift in Griechenland einige Bemerkungen; er führt das griechische Alphabet auf die Schriftzeichen der Phoiniker zurück. Ärzte nutzten schriftliche Aufzeichnungen, um Voraussagen über den Verlauf von Krankheiten treffen zu können. Im Kontext philosophischer Überlegungen hat Platon im ‹Phaidros› das Problem der Schriftlichkeit erörtert und dabei vor allem auf die Nachteile des geschriebenen Wortes gegenüber der Rede hingewiesen.

Große Bibliotheken sollen bereits die Tyrannen Peisistratos von Athen und Polykrates von Samos im 6. Jahrhundert v. Chr. besessen haben, und im 5. Jahrhundert v. Chr. existierte zumindest in Athen die Möglichkeit, Bücher zu kaufen und so die Schriften von Autoren zu lesen, zu denen man keinen persönlichen Kontakt besaß. Dies zeigt anschaulich ein Abschnitt in Platons ‹Phaidon›; an dieser Stelle erzählt Sokrates, wie er angeregt durch Äußerungen über die Thesen des Anaxagoras sich dessen Schriften besorgt und gelesen habe. Xenophon überliefert in den ‹Memorabilia› ein Gespräch des Sokrates mit Euthydemos, der zahlreiche Bücher sowohl von Dichtern als auch von Prosa-Autoren besaß. Diese Zeugnisse machen deutlich, dass dem Buch bereits im klassischen Griechenland eine entscheidende Bedeutung für die Speicherung von Wissen und den Austausch von Meinungen zukam.

Für die Kommunikation in der antiken Gesellschaft spielte

nicht allein die Schrift eine wichtige Rolle, sondern auch der Beschreibstoff. Nach Herodot haben die ionischen Griechen in Kleinasien in älterer Zeit auch Häute von Ziegen und Schafen für schriftliche Aufzeichnungen verwendet. Die Möglichkeit, Papyrus aus Ägypten einzuführen, übte einen entscheidenden Einfluss auf die Entwicklung der Schriftlichkeit in Griechenland aus, denn Papyrus war von der archaischen Zeit bis zum 1. Jahrhundert n. Chr. der wichtigste Beschreibstoff, der es auch erlaubte, längere literarische Texte zu verfassen. Die Papyruspflanze und die Herstellung von Papyrusseiten ist ausführlich von Plinius beschrieben worden, der die Bedeutung des Papyrus für die menschliche Kultur mit den Worten umreißt, dass Bildung und Erinnerung (*humanitas* und *memoria*) sowie die Unsterblichkeit der Menschen *(immortalitas hominum)* wesentlich auf dem Gebrauch von Papyrus als Beschreibstoff beruhen.

Die Papyrusstaude wächst im Mittelmeerraum allein in Ägypten, vor allem in sumpfigen Gebieten im Nildelta. Es gab regelrechte Papyruspflanzungen, die große Mengen von Stengeln für die Herstellung des Beschreibstoffes lieferten. Ein Pachtvertrag einer solchen Pflanzung ist für die augusteische Zeit überliefert. Die Möglichkeit, aus der Pflanze Blätter, die beschrieben werden konnten, herzustellen, war bereits im Alten Reich bekannt. Der lange Stengel der Pflanze wurde in dünne Streifen geschnitten, die auf eine mit Nilwasser befeuchtete Holztafel gelegt wurden. Die Streifen wurden zunächst in einer Lage aneinandergelegt, dann wurde eine zweite Lage von Streifen quer darübergelegt. Durch Bearbeiten mit einem Hammer wurden die Streifen fest miteinander verbunden, die entstandenen Blätter wurden danach gepresst und getrocknet. In Rom wurde zur Zeit des Plinius importierter Papyrus in der Werkstatt des Fannius durch Bearbeitung dünner gemacht; so veredelt galt dieser Papyrus als die beste Sorte. Indem man die einzelnen Blätter an den längeren Seiten aneinanderklebte, entstand eine lange Rolle. Nach Plinius wurden bis zu zwanzig Blätter für eine Rolle verwendet, die damit eine Länge von ca. sechs Metern erreichen konnte. Papyrus wurde einseitig in Kolumnen mit einer begrenzten Zeilenlänge beschrieben. Diese Rolle *(volumen)* stellte in griechischer und römischer Zeit bis zur Spätantike die übliche Form des Buches dar. Da auf eine solche Rolle nur eine begrenzte Menge Text passte, war es notwendig, größere Werke auf mehrere Buchrollen zu verteilen. Wie die Bemerkung von Plinius, er selbst habe etwa 200 Jahre alte Aufzeichnungen der Gracchen gesehen, zeigt, hatten derartige Buchrollen durchaus eine längere Lebensdauer.

In der Principatszeit kam langsam eine neue Form des Buches auf, deren Vorbild wahrscheinlich die mit einer Wachsschicht versehenen Holztäfelchen waren, die an einer Seite zu einem Polyptychon zusammengebunden waren. Solche Wachstäfelchen waren gut für die Buchführung und für knappe Notizen geeignet, die nach kurzer Zeit gelöscht werden konnten. Es wurde nun die Möglichkeit gesehen, die Seiten des Papyrus nicht mehr zu einer Rolle zusammenzukleben, sondern wie die Täfelchen an einer Seite zusammenzuheften, so dass ein Buch in der Form des Codex entstand, der als Vorläufer des modernen Buches angesehen werden kann. Mit dieser neuen Buchform setzte sich auch ein neuer Beschreibstoff durch, das Pergament, das nach Plinius in Pergamon erfunden worden sein soll. Pergament hat man auf beiden Seiten beschrieben, weswegen ein Codex mit Pergamentseiten erheblich mehr Text als mehrere Buchrollen enthielt. Der Codex hatte noch weitere Vorteile gegenüber der Buchrolle: Seine Seiten waren durch die Buchdeckel geschützt, und der Band konnte in einer Bibliothek besser aufgestellt werden als die Buchrollen.

Der Codex war überdies wesentlich leichter zu handhaben, denn beim Lesen eines auf einer Buchrolle geschriebenen Textes war es notwendig, die Buchrolle an dem einen Ende abzuwickeln und zugleich am anderen Ende aufzuwickeln; war der Text gelesen, musste die Rolle wieder in umgedrehter Richtung ab- und aufgerollt werden, damit der Leser bei einer erneuten Lektüre wieder den Anfang des Textes vor sich hatte. Es war nicht möglich, in der Rolle zu blättern, der Umgang mit dem Text war damit erheblich eingeschränkt. Im Codex konnte der Leser hingegen den Text an einer beliebigen Stelle aufschlagen und so den Band auch zum Nachschlagen benutzen.

Die Datierung der frühen Codices beruht auf Erwähnungen dieser Buchform in der Literatur und auf Funden in Ägypten. So nennt Martial in den etwa 83–85 n. Chr. verfassten Epigrammen (‹Apophoreta›) eine Reihe von klassischen Texten, die als Codex mit Pergamentseiten in Rom erhältlich waren und auch verschenkt wurden. In Ägypten erscheinen die Codices vor allem im christlichen Kontext, die Bücher der Bibel waren bald in Form des Codex verbreitet. Mit dem Aufkommen des Codex hat sich auch das Leseverhalten verändert; zuvor haben viele Angehörige der römischen Oberschicht nicht selbst gelesen, sondern ließen sich laut vorlesen. In der Spätantike hat ein Bischof wie Ambrosius selbst gelesen, und er las, wie Augustinus in den ‹Confessiones› bemerkt, leise, ohne die Lippen zu bewegen. Sogar die Bekehrung des Augustinus setzt den Codex voraus: Auf den Anruf «Nimm und lies» *(tolle, lege)* schlug Augustinus die Briefe des Paulus auf und las jene Stelle des Römerbriefes, in der vor den fleischlichen Gelüsten gewarnt wird. Der Codex stellt in der Geschichte der Kommunikation ohne Zweifel eine ebenso bedeutende Innovation dar wie der Buchdruck im Spätmittelalter.

Die Mechanik und die Zeitmessung

Die Mechanik und das Hebelgesetz

Mechanische Instrumente wie der Hebel sind in Ägypten und im Alten Orient bereits zu verschiedenen Zwecken genutzt worden; dasselbe gilt für das archaische Griechenland. Aber erst in der Klassischen Zeit begann die präzise Analyse der Wirkungen solcher mechanischen Instrumente. Als erste wiesen die Ärzte in den Schriften zur Chirurgie darauf hin, dass nur mit mechanischen Instrumenten bestimmte Wirkungen erzielt werden können. Als solche Instrumente werden die Winde, der Hebel und der Keil genannt, und es wird allgemein festgestellt, dass die Menschen ohne solche Instrumente keine Arbeit verrichten können, die eine große Kraft erfordert. Mit Hilfe der Hippokratischen Bank nutzten die Ärzte systematisch die mechanischen Instrumente, den Hebel und die Winde, für die Streckung gebrochener Gliedmaßen und für Einrenkungen.

Im Umfeld der Pythagoreer in Süditalien unternahm dann Archytas von Tarent um 400 v. Chr. den Versuch, die Eigenschaften der mechanischen Instrumente mit Hilfe der Mathematik zu erklären. Während der Text des Archytas nicht überliefert ist, existiert im Corpus der Werke des Aristoteles eine Schrift mit dem Titel ‹Mechanika›, die entweder von Aristoteles selbst oder aber von einem seiner Schüler stammt. Die Schrift bietet zunächst eine theoretische Einführung in die Mechanik; der Mensch bedarf nach Aristoteles der Mechanik, weil die natürlichen Vorgänge dem Interesse der Menschen oft zuwiderlaufen, so dass es notwendig ist, auf technische Hilfsmittel zurückzugreifen. Im Rahmen dieser Argumentation erscheint sogar der Gedanke einer Naturbeherrschung: Es wird der Dichter Antiphon zitiert, der in einem Vers Technik *(techne)* und Natur *(physis)* deutlich gegenüberstellt:

> *Durch Technik (techne) beherrschen wir das, dem wir von Natur aus unterlegen sind.*

Die Mechanik als technische Disziplin gibt dem Menschen die Mittel an die Hand, um sich sogar gegen die Natur durchzusetzen.

Die Hauptaufgabe der Mechanik ist es zu erklären, wie mit einer geringen Kraft ein größeres Gewicht bewegt werden kann; die Analyse der Mechanik beruht dabei einerseits auf der Mathematik, andererseits auf der Physik. Als wichtigster Gegenstand der Mechanik wird der Hebel genannt, mit dessen Hilfe der Mensch Gewichte bewegt, die er ohne Hebel nicht bewältigen könnte.

Auf diese Einleitung folgt die Untersuchung der Wirkung des Hebels, die von der Kreisbewegung abgeleitet wird, denn Aristoteles fasst die beiden Hebelarme als Radien ungleich großer Kreise auf; die Kreisbewegung wiederum wird mit dem Verhalten von Armen einer Waage erklärt. Damit ist die Voraussetzung gewonnen für den Vergleich der Strecken, die die Endpunkte der beiden Hebelarme zurücklegten, mit dem Verhältnis von Gewicht und Kraft. Aristoteles gelingt es auf diese Weise, das Hebelgesetz klar zu formulieren: Das Verhältnis zwischen dem bewegenden Gewicht, also der Kraft, und dem bewegten Gewicht, der Last, entspricht dem umgekehrten Verhältnis der jeweiligen Entfernung von dem Drehpunkt. Die Nutzanwendung dieser Feststellung lautet: Je länger der Hebelarm ist, um so kleiner kann das Gewicht (die Kraft) sein, das eine gegebene Last bewegt.

In den folgenden Abschnitten wendet Aristoteles diese Erkenntnis auf verschiedene Instrumente, Geräte und Verfahren an; dabei erläutert er auch die Wirkung der Rolle und des Keils, er belegt ferner die Wirkung des Hebels an der Zange des Zahnarztes sowie am Nussknacker und analysiert die Wirkung des Hebebaums am Brunnen. Aristoteles hat mit dieser Schrift die Grundlagen der Mechanik als einer wissenschaftlichen Disziplin gelegt. Im 1. Jahrhundert n. Chr. bietet Heron in der nur in arabischer Sprache überlieferten ‹Mechanik› eine Systematik der mechanischen Instrumente, die bis zur Frühen Neuzeit Bestand haben sollte. Als mechanische Instrumente führt Heron die Winde, den Hebel, den Flaschenzug, den Keil und die Schraube auf. Auch in diesem Text werden zahlreiche praktische Anwendungen dieser Instrumente genau beschrieben; so sind längere Abschnitte der Konstruktion der Pressen gewidmet, die zu den wichtigen Geräten für die Produktion von Wein und Olivenöl gehörten.

Die Konstruktion der Automaten – Die Pneumatik

Das Adjektiv *automatos* erscheint bereits in der ältesten griechischen Dichtung, im achtzehnten Gesang der ‹Ilias›; Homer beschreibt darin die von Hephaistos geschmiedeten Dreifüße, die Räder besaßen und sich so von selbst zur Versammlung der Götter bewegten. Der Automat ist demnach ein Gerät, das sich zu bewegen vermag, ohne dass ein Mensch diese Bewegung verursacht hat. Bei der Konstruktion eines Automaten wird die Art der Bewegung bereits festgelegt, als Information in den Automaten eingeschrieben.

Der erste in der antiken Literatur erwähnte Automat ist ein Standbild der sitzenden Nysa, der Amme des Dionysos, das im Festzug des Ptolemaios II. Philadelphos in Alexandria auf einem Wagen mitgeführt wurde. Über diese Statue berichtet der Historiker Kallixeinos: «Das acht Ellen hohe Bildnis der sitzenden Nysa [...] konnte aber auf mechanische Weise aufstehen, ohne dass jemand Hand anlegte, und nachdem es Milch aus einer goldenen Schale gespendet hatte, setzte es sich wieder.» Dieser Beschreibung nach besaß das Bildnis einen verborgenen Mechanismus, der es in eine kontrollierte Bewegung versetzte. Angesichts anderer Zeugnisse zur Konstruktion von Automaten in Alexandria kann der Bericht des Kallixeinos durchaus als glaubwürdig gelten. Wie das Beispiel des Standbildes der Nysa zeigt, diente die Konstruktion von Automaten in Alexandria dem Repräsentationsbedürfnis der hellenistischen Könige. Im Rahmen von Festlichkeiten und Symposien kam es den Herrschern darauf an, durch Vorführung von Automaten die Beherrschung der Technik zu demonstrieren und die Menschen in Erstaunen zu versetzen.

Die Konstruktion der hellenistischen Automaten hat Heron von Alexandria im 1. Jahrhundert n. Chr. ausführlich beschrieben, wobei er die älteren Schriften hellenistischer Mechaniker ausgewertet hat; damit besitzen wir wertvolle Informationen zur Automatentechnik im Zeitalter des Hellenismus. Der Bau von Automaten bot den antiken Technikern die Möglichkeit, mit Naturkräften wie dem Luftdruck oder der Dampfkraft zu experimentieren und Mechanismen zur Kraftübertragung und zur Transmission und Umwandlung von Bewegungen zu entwickeln, ohne dabei dem Zwang ausgesetzt zu sein, einen bestimmten Nutzen zu erzielen.

Zahlreiche Automaten weisen neue und in die Zukunft weisende Mechanismen und Konstruktionen auf. Bei den fahrenden Automaten etwa wird der Zug eines Gewichtes – also die Erdanziehungskraft – als Antrieb genutzt. Bei diesen Automaten ist das Gewicht an einer Schnur befestigt, die über eine Rolle ge-

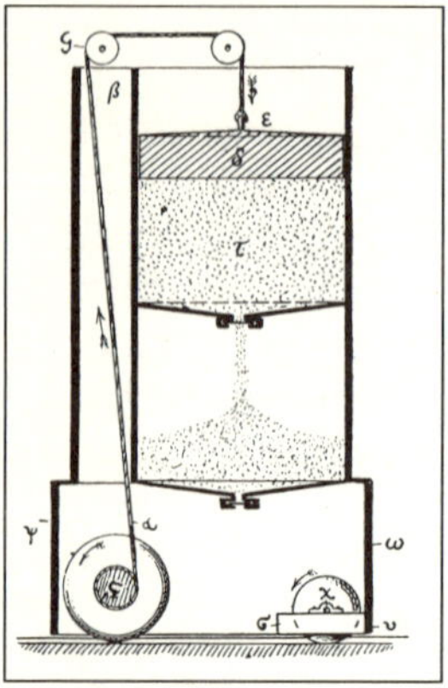

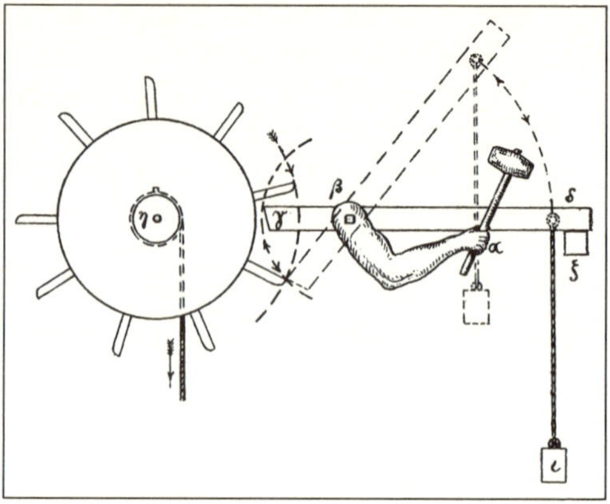

Abb. 14 (links): Ein fahrender Automat. Antrieb durch den Zug eines Gewichtes. Rekonstruktionszeichnung 1899
Abb. 15 (rechts): Umwandlung einer Drehbewegung in eine hin- und hergehende Bewegung im Automatentheater Herons. Rekonstruktionszeichnung 1899

führt wird, dann um die Achse gewickelt und mit dieser fest verbunden ist. Sinkt das Gewicht, wird die Achse durch die Schnur in Bewegung gesetzt; die Abwärtsbewegung des Gewichts wiederum wird dadurch geregelt, dass das Gewicht auf einem feinkörnigen Material aufliegt, das durch eine Öffnung an der Unterseite des Behälters langsam herausrieselt. Da die Richtung der Bewegung davon abhängig ist, wie die Schnur um die Achse gewickelt wird, war es möglich, Automaten zu konstruieren, die verschiedene Bewegungen nacheinander ausführten.

Eine andere wichtige technische Neuerung war die Umwandlung der Rotationsbewegung in eine hin- und hergehende Bewegung; im Automatentheater des Philon von Byzanz wird die Figur eines hämmernden Zimmermanns gezeigt; hinter der Figur, unsichtbar für den Zuschauer, ist ein Mechanismus aus einem Sternrad und einem kleinen, um eine Achse drehbaren Holzstab angebracht. Durch den Zug eines Gewichtes wird das Sternrad in Bewegung gesetzt; an der einen Seite des Holzstabes hängt ein kleines Gewicht, die andere Seite wird von dem Sternrad zunächst herabgedrückt. Wenn das Rad sich weiter bewegt,

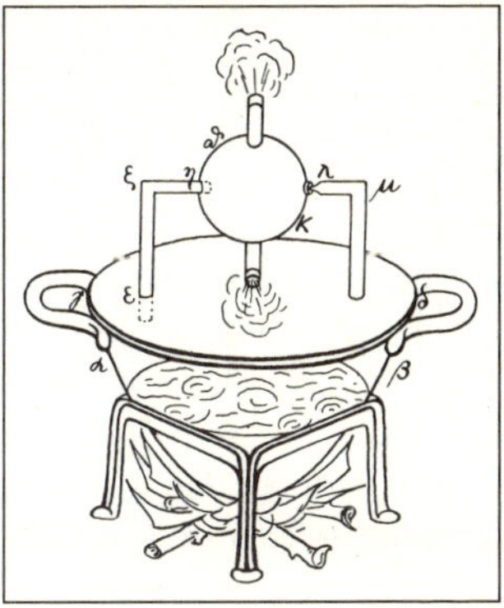

Abb. 16: Eine durch Dampfkraft erzeugte Rotationsbewegung. Rekonstruktionszeichnung 1899

lässt es den Stab los, der vom Gewicht in seine ursprüngliche Lage zurückversetzt wird, bis wiederum das Sternrad den Stab auf der einen Seite herabdrückt. Die auf diese Weise entstandene Bewegung wird auf den Arm der Figur im Automatentheater übertragen, und damit hat der Zuschauer den Eindruck, dass die Figur sich tatsächlich wie beim Hämmern bewegt.

In der Literatur über die Automaten wird bereits die Möglichkeit erwähnt, thermische Energie in kinetische Energie umzuwandeln. Einen solchen Mechanismus beschreibt Heron in der Pneumatik: Ein oben verschlossenes Wasserbecken ist durch zwei dünne Röhrchen mit einer Kugel verbunden, die an den Enden dieser Röhrchen drehbar befestigt ist; an der Kugel wiederum sind zwei weitere, jeweils genau gegenüberliegende, nach hinten gebogene Röhrchen angebracht. Wird das Wasser im Behälter durch ein Feuer erhitzt, steigt der Dampf aus dem Kessel durch die Röhren in die Kugel und tritt aus dieser durch die gebogenen Röhrchen aus. Dadurch aber wird die Kugel in eine Drehung versetzt.

Auf eine ähnliche Weise funktioniert ein Automatismus zur Öffnung von Tempeltüren. Durch Feuer wird Luft erhitzt und in einen geschlossenen Wasserbehälter hineingeleitet; durch den steigenden Luftdruck wird das verdrängte Wasser durch einen Wasserheber in einen offenen Behälter geleitet. Die Türflügel des Tempels sind mit zwei senkrecht stehenden Achsen verbunden, die durch ein Gewicht jeweils fixiert sind. Ist der offene Wasserbehälter schließlich so weit gefüllt, dass er schwerer als dieses Gegengewicht ist, sinkt er und dreht aufgrund dieser Bewegung durch Seile die beiden senkrecht stehenden Achsen, und damit öffnen sich die Türen des Tempels. In diesem Fall wird die Bewegung also nicht durch die Kraft des Dampfes, sondern die Ausdehnung der erwärmten Luft erzeugt. Wie diese Beispiele zeigen, waren die Mechaniker von Alexandria fähig, bei der Konstruktion der Automaten neue Techniken zu entwickeln. Das Argument, diese Techniken seien nicht für die Produktion genutzt worden und damit nur als technisch wertlose Spielerei anzusehen, lässt einerseits außer Acht, dass einzelne Geräte wie die Wasserpumpe des Ktesibios, die bis in die Frühe Neuzeit hinein als Wasserspritze zur Feuerbekämpfung eingesetzt wurde, sich durchaus jenseits der königlichen Repräsentation als nützlich erwiesen, und andererseits, dass die technischen Ideen der antiken Mechaniker weit in die Zukunft vorauswiesen und später in wichtigen Bereichen Anwendung fanden, so der Gewichtszug bei der Konstruktion der mechanischen Uhr und die Umwandlung der Rotationsbewegung in der mittelalterlichen Nockenwelle, die die gewerbliche Entwicklung Europas ganz entscheidend vorangetrieben hat.

Die Zeitmessung der Antike

Die Zeitmessung in den antiken Gesellschaften unterscheidet sich insofern grundlegend von den Gegebenheiten in der Neuzeit, als in der Antike die Stunde im Verlauf des Jahres nicht eine konstante Länge hatte, sondern entsprechend der Länge des Tages variierte; der Tag bestand konstant aus zwölf Stunden, die im Sommer länger waren als im Winter. Aus diesem Sachverhalt ergaben sich deutliche Schwierigkeiten bei den unterschiedlichen Verfahren der Zeitmessung, und zugleich wurden auch unterschiedliche Ziele mit der Zeitmessung verfolgt: Einerseits ging es darum, die Stunde des Tages festzustellen, andererseits suchte man für bestimmte Vorgänge eine genaue Zeitdauer festzulegen.

Die Konstruktion von Uhren war eine Aufgabe der Architekten, und folglich hat Vitruv die Zeitmessung in seinem systematischen Überblick über die Architektur berücksichtigt; er beschreibt verschiedene Typen von Uhren und nennt auch zahlreiche Astronomen, Mathematiker und Mechaniker, die sich mit der Konstruktion von Uhren beschäftigt haben. Einen kurzen Überblick über die Anfänge der Zeitmessung bietet auch Plinius in der ‹Naturalis Historia›.

Während man in Athen bis in die Klassische Zeit hinein die Länge des Schattens zur ungefähren Bestimmung der Tageszeit nutzte, orientierten sich die Römer in der Zeit der frühen Republik am Sonnenstand, den sie mit Hilfe der Gebäude des Forum Romanum bestimmten, und setzten so die Zeit des Mittags fest. Erst die Konstruktion der Sonnenuhr bot die Möglichkeit, die Tageszeit präzise zu bestimmen; die Sonnenuhr *(horologium)* bestand aus einem Zeiger *(gnomon)* und einem System von Linien, mit dem Richtung und Länge des Schattens abgelesen werden konnten. Dabei war es notwendig, die Sonnenuhr genau entsprechend der geographischen Breite einzurichten. Eine Sonnenuhr war daher nur an einem einzigen Ort verwendbar; die Uhr, die im Ersten Punischen Krieg von Catania nach Rom gebracht und dort aufgestellt worden war, erwies sich deswegen als ungenau und wurde von den Censoren nach 99 Jahren ersetzt. Im Fall der Reise-Uhren musste eine Uhr mit Hilfe von beweglichen Scheiben, auf denen eine Reihe von Ortsnamen verzeichnet waren, jeweils neu für den entsprechenden Ort eingestellt werden. Der entscheidende Nachteil der Sonnenuhren bestand allerdings darin, dass sie weder nachts noch bei bewölktem Himmel im Winterhalbjahr als Zeitmesser zu gebrauchen waren.

Im Alten Ägypten dienten seit der 18. Dynastie (1540–1292 v. Chr.) große Wassergefäße als Zeitmesser für die Nachtstunden; durch eine kleine Öffnung am Boden floss das Wasser aus dem Gefäß ab, wobei Linien an der Innenseite den jeweiligen Wasserstand und damit die entsprechende Zeit anzeigten. Es ist auch möglich, dass ein Stab mit Markierungen in das Wasser gehalten wurde, um den Wasserstand messen zu können. In Athen wurde ein ähnliches Zeitmessgerät, die Klepsydra, verwendet, um bei Prozessen die Zeitdauer zu bestimmen und zu kontrollieren, die jeweils für die Anklagerede und die Verteidigungsrede bewilligt worden war. Bei diesem Verfahren entsprach eine bestimmte Wassermenge der gewährten Redezeit. Um das Prinzip der Wasseruhr für die Stundenzählung nutzen zu können, hat man einen komplizierten Mechanismus konstruiert, der den sich verändernden Wasserstand an einer Tabelle, auf der die Stunden eingezeichnet waren, sichtbar machte: Das Wasser wurde dafür in ein großes Gefäß oder Becken eingelassen; das Steigen des Wasserstandes wurde durch einen Schwimmer, an dem ein Stab als Zeiger angebracht war, auf einer Tafel mit den Stundenangaben angezeigt. Bei der Konstruktion dieser Uhr war es notwendig, zwei Probleme zu lösen: Einerseits mussten die Stundenangaben der unterschiedlichen Länge der Stunde in den verschiedenen Monaten angepasst werden, andererseits musste ein gleichmäßiger Wasserzulauf garantiert werden. Man erreichte beides, indem die Stundenangaben für jeden Monat auf einem Zylinder eingezeichnet wurden, der so gedreht werden konnte, dass der Zeiger des Schwimmers auf die Stunden des jeweiligen Monats zeigte. Der Wasserzulauf wurde dadurch reguliert, dass man in der Zuleitung ein kegelförmiges Gefäß und darin einen schwimmenden Kegel anbrachte. Fließt zuviel Wasser in die Uhr, hebt sich der Kegel und verschließt die Leitung, sinkt bei zu geringem Zulauf an Wasser der Wasserstand, sinkt der Kegel, so dass mehr Wasser nachfließen kann. Die Regeltechnik fand also bei der Zeitmessung bereits eine Anwendung. Spätantike Uhren waren mit einem umfangreichen Figurenprogramm ausgestattet; ein Beispiel hierfür ist die von dem Rhetor Prokop im 6. Jahrhundert n. Chr. beschriebene Uhr in Gaza, die zu jeder vollen Stunde mit beweglichen Figuren mechanisch eine der Taten des Herakles darstellte.

Die Präzisionsinstrumente

Die Konstruktion von Uhren stellt nicht das einzige Beispiel für die Herstellung komplexer Mechanismen und komplizierter Instrumente in der Antike dar. Im Imperium Romanum sind für verschiedene Zwecke Präzisionsinstrumente angefertigt worden, die zeigen, dass in der Metallurgie ein hoher Standard der Materialverarbeitung erreicht worden war und die Erkenntnisse der Mechanik bei der Herstellung von Instrumenten Anwendung fanden.

Zwei Beispiele mögen hier genügen, um diesen Sachverhalt zu illustrieren; die Erfindung der Schraube führte nicht nur zu einer Verbesserung der Konstruktion von Wein- und Ölpressen, die Schraube findet sich auch im Bereich der medizinischen Instrumente; Specula, die dem Arzt einen Einblick in eine Körperöffnung ermöglichen sollen, waren mit einer Schraube versehen, durch deren Drehung die Arme des Instrumentes auseinandergezogen wurden. Die Datierung der Specula ist ohne Schwierigkeiten möglich, da mehrere Exemplare in Pompeji gefunden worden sind; sie standen den Ärzten also vor 79 n. Chr. zur Verfügung. An dem Fall dieser medizinischen Instrumente wird deutlich, wie schnell eine Erfindung wie die der Schraube in verschiedenen Technikbereichen adaptiert werden konnte.

Die Kenntnis des Hebelgesetzes fand Anwendung bei der Konstruktion der Schnellwaage, einer Waage, die nicht mehr gleich lange Arme besitzt wie die klassische Balkenwaage, sondern einen längeren und einen kürzeren Arm. Am kurzen Arm kann das Gut, das gewogen werden soll, aufgehängt werden, am längeren Arm, der mit einer Skala versehen ist, befindet sich ein verschiebbares Gegengewicht. Befindet sich die Waage im Gleichgewicht, kann an der Skala das Gewicht der Ware abgelesen werden. Das Wiegen von Waren war mit der Schnellwaage wesentlich einfacher und schneller zu bewältigen als mit der Balkenwaage. Schnellwaagen aus Bronze sind in größerer Zahl erhalten, es finden sich auch bildliche Darstellungen auf römischen Reliefs, die Handwerker in ihrem Laden zeigen. Die Erwähnung bei Vitruv und andere Zeugnisse deuten darauf hin, dass die Schnellwaage im späten 1. Jahrhundert v. Chr. in Rom bekannt war und sich sehr schnell als der in den Läden am häufigsten verwendete Typ der Waage durchsetzte.

Zuletzt sind in diesem Zusammenhang noch die astronomischen Instrumente zu erwähnen; Cicero berichtet über eine von Archimedes konstruierte *sphaera*, einen Himmelsglobus, auf dem bei Drehung der Kugel die Bahnen der Sonne, des Mondes und der Planeten sichtbar wurden. In diesen Kontext gehört wahrscheinlich auch der Automat von Antikythera, der vor der Insel in einem Schiffswrack auf dem Meeresgrund gefunden worden ist. Es handelt sich um einen überaus komplizierten Mechanismus, der aus mehreren Zahnrädern besteht und wohl die Funktion besaß, die Bewegungen der Himmelskörper exakt zu erfassen und abzubilden.

Die Technik des Militärwesens

Von Beginn der Antike an waren Krieg und Kriegführung an technische Voraussetzungen gebunden. Schon in Homers ‹Ilias›, wird die Abhängigkeit des Helden von der Arbeit des Handwerkers eindrucksvoll geschildert: Als Achill durch den Tod des Patroklos seine Waffen und Rüstung, die er dem Freund zuvor für den Kampf gegeben hat, verliert, ist er nicht mehr in der Lage, in den Kampf einzugreifen. In dieser Situation verspricht seine Mutter Thetis, ihm neue Waffen zu verschaffen, und eilt zum Schmiedegott Hephaistos, den sie bittet, Rüstung und Waffen für Achill zu schmieden. Arbeit und technisches Können sind bei Homer demnach notwendige Voraussetzungen für die Heldentaten des Heros.

In der archaischen Zeit beruhte der Zusammenhang von Krieg und Technik wesentlich darauf, dass Waffen und Rüstung für die Hopliten – die Schwerbewaffneten, die in der Phalanx kämpften – von Schmieden angefertigt wurden. Wesentliche Funktion der militärischen Ausrüstung der Griechen war es, den Körper und vor allem den Kopf der Hopliten durch Panzer, Beinschienen und Helm möglichst effizient vor Verletzungen zu schützen. Die Rüstung bestand vorwiegend aus Bronzeblechen, die durch Treibarbeit geformt wurden; Funde von Rüstungen, insbesondere von Helmen, bezeugen die Fähigkeit der griechischen Schmiede, durch sorgfältige Bearbeitung des Metalls eine hohe Schutzwirkung zu erzielen, obwohl die Bronzeteile in der Regel nur eine sehr geringe Stärke hatten.

Im 4. Jahrhundert v. Chr. gewann die Militärtechnik durch die Fortschritte der Belagerungstechnik und die Entwicklung neuer Waffen erheblich an Bedeutung, wobei wesentliche Impulse von den Karthagern ausgingen. Als die Karthager 409 v. Chr. in die innergriechischen Konflikte im westlichen Sizilien eingriffen, setzten sie bei der Belagerung von Selinunt sechs hohe Belagerungstürme und dieselbe Anzahl von Rammböcken ein. Die karthagische Belagerungstechnik erwies sich als außerordentlich effizient. Mit den Rammböcken wurden die Mauern zum Einsturz gebracht, und von den hohen Belagerungstürmen aus konnten die Karthager den Verteidigern große Verluste zufügen. Auf diese Weise waren sie in der Lage, Selinunt und dann Himera nach kurzer Belagerung zu erobern.

Die Griechen auf Sizilien übernahmen diese Neuerungen der Belagerungstechnik (Poliorketik) von den Karthagern; wenige Jahre später, 397 v. Chr., ließ Dionysios, der Tyrann von Syrakus, bei der Belagerung der auf einer Insel gelegenen karthagischen Festung Motye im Westen Siziliens zunächst einen Damm zwischen Sizilien und der Insel errichten und anschließend sechs Stockwerke hohe, fahrbare Belagerungstürme an die Mauern der feindlichen Stadt heranführen; damit war es möglich, die Mauern der Festung von oben zu beschießen und mit Hilfe von Fallbrücken zu überwinden. Solche Baumaßnahmen wie etwa die Errichtung eines Dammes wurden von Architekten geleitet. Seit dieser Zeit nahmen die Techniker eine wichtige Position in der Kriegführung und vor allem bei Belagerungen ein, und es ist in diesem Zusammenhang bezeichnend, dass Dionysios vor Motye das Gelände zuerst mit seinen Architekten rekognoszierte.

Während der umfangreichen Vorbereitungen für den Feldzug gegen die Karthager hatte Dionysios Handwerker aus Italien, Griechenland und selbst aus karthagischen Gebieten nach Syrakus geholt; ein militärhistorisch bedeutendes Ergebnis dieser Rüstungen war die Entwicklung einer neuen Waffe, des Katapults, das dem Bogen an Reichweite und Durchschlagskraft der Geschosse deutlich überlegen war. Mit Hilfe einer mechanischen Vorrichtung konnte beim Katapult die Sehne weitaus stärker als bei einem Bogen gespannt werden. Bei dem Torsionskatapult, das auf einem Ständer ruhte, wurde dann die Spannung durch zwei senkrecht stehende Sehnenbündel erzeugt, in die jeweils ein Holzstab eingefügt war. Die Sehne, die an den Enden beider Stäbe befestigt war, wurde mit Hilfe einer Winde gespannt. Der spartanische König Archidamos III. soll, als ihm ein solches Katapult vorgeführt wurde, ausgerufen haben, nun sei es zu Ende mit der Tapferkeit. Das Prinzip des Pfeilkatapultes wurde im 4. Jahrhundert v. Chr. bereits auch zur Konstruktion von Katapulten genutzt, die schwere Steine über größere Entfernungen schleuderten.

Die Belagerungsgeräte wurden in der Zeit des Hellenismus immer weiter verbessert; die Architekten Alexanders entwickelten Belagerungstürme, die zerlegt werden und so vom Heer auf dem Marsch mitgeführt werden konnten. So gab es bei dem Beginn der Belagerung einer Stadt keine Verzögerung, weil erst die Belagerungsgeräte hätten gebaut werden müssen. Hegetor von Byzanz entwarf einen Rammbock, der in einem Gerüst befestigt war, das acht Räder besaß und durch eine Abdeckung geschützt wurde; der Widderbalken selbst war mit einer eisernen Spitze versehen und hatte eine Länge von über dreißig Metern. Wurde der Sturmbock an die Mauer herangeführt, konnten die Soldaten den langen Stamm zurückziehen und dann mit voller Wucht gegen die Mauer prallen lassen; durch wiederholte Stöße mit dem Rammbock war es möglich, das stärkste Mauerwerk zum Einsturz zu bringen. Die Konstruktion der Sambyke, einer mit Schutzwänden versehenen Leiter, die auf Rädern installiert war und deren Neigung so verstellt werden konnte, dass ihr oberes Ende die Mauerkrone erreichte, wird in antiken Texten ebenfalls hellenistischen Technikern zugeschrieben. Wie Polybios berichtet, verwendeten die Römer die Sambyke bei ihrem Angriff auf Syrakus; sie errichteten mit der Absicht, die Mauern an der Seeseite der Stadt zu ersteigen, jeweils eine Sambyke auf zwei miteinander fest verbundenen Kriegsschiffen.

Katapult und Poliorketik führten zu einem vollständigen Wandel der Militärtechnik und der Kriegführung. Während bis zum 5. Jahrhundert v. Chr. eine feindliche Stadt meist solange belagert werden musste, bis deren Vorräte erschöpft waren und die belagerte Stadt kapitulierte, konnte eine Armee seit dem 4. Jahrhundert v. Chr. die Mauern der feindlichen Stadt beschießen oder mit Rammböcken erschüttern, bis sie einstürzten, und mit Hilfe der Belagerungstürme und anderer Belagerungsgeräte war es möglich, eine Stadt im Sturm zu nehmen.

Gleichzeitig mit diesen militärtechnischen Entwicklungen wurde der Bau von immer stärkeren Befestigungsanlagen vorangetrieben, um die Städte vor Angriffen zu schützen. Diese Veränderungen wurden im 4. Jahrhundert v. Chr. genau wahrgenommen; Aristoteles begründet in der ‹Politik› die Notwendigkeit, eine Stadt durch starke Mauern zu sichern, mit der Entwicklung der Katapulte und Belagerungsgeräte, und Demosthenes betont in seiner dritten Rede gegen den Makedonenkönig Philipp II. den Wandel in der Kriegführung und vor allem in der Belagerungstechnik.

Der Sieg Alexanders über den persischen Großkönig ist wesentlich auf die technische Überlegenheit seines Heeres zurückzuführen. Mit Hilfe der von seinen Technikern konstruierten Belagerungsgeräte gelang es Alexander, die strategisch wichtigen Küstenstädte in Kleinasien und in Phönizien schnell einzunehmen, darunter auch das auf einer Insel gelegene Tyros, das bis dahin als uneinnehmbar galt. Die Architekten errichteten einen Damm zwischen Tyros und dem Festland und waren so in der Lage, die Steinschleudern und Belagerungstürme wirkungsvoll einzusetzen.

Für die Zeit des Hellenismus sind eine Reihe spektakulärer Belagerungen zu erwähnen; Berühmtheit erlangte die Belagerung der Stadt Rhodos durch Demetrios Poliorketes im Jahr 305 v. Chr.; hier kam es geradezu zu einem Wettstreit der auf beiden Seiten tätigen Techniker. Epimachos ließ einen fahrbaren Turm errichten, der 39 Meter hoch war und an der Basis eine Seitenlänge von 21 Metern hatte; in neun Stockwerken waren Katapulte und Steinwerfer aufgestellt. Achthundert Mann bewegten diesen monumentalen Turm, der den Namen ‹Helepolis› (Städtezerstörer) erhielt, vorwärts, aber die Größe führte zu einem Verlust an Beweglichkeit. Diognetos, der Techniker, der die Verteidigung von Rhodos leitete, ließ nachts durch lange Rinnen Wasser und Unrat an der Stelle auf den Boden leiten, an der man mit dem Vorrücken des Turmes rechnete; schließlich blieb dieser im Schlamm stecken und erreichte nicht die Mauern der Stadt.

Die Verteidiger einer Stadt setzten ebenfalls Katapulte und Geräte verschiedener Art ein, um die Angreifer von den Mauern fernzuhalten und zum Rückzug zu zwingen. Für die Verteidigung von Syrakus hatte Archimedes noch unter dem König Hieron II. neben Steinwerfern, die schwere Felsen zu schleudern vermochten, völlig neuartige Kriegsgeräte konstruiert. Als die Römer während des Krieges gegen Hannibal die Stadt 212 v. Chr. belagerten, wurden schwere Steinblöcke auf der Seeseite gegen ihre Schiffe und auf der Landseite gegen ihre Fußsoldaten geschleudert, so dass eine Annäherung an die Mauern nicht möglich war. Auf den Mauern errichtete Krane erfassten zudem die römischen Schiffe mit einem Haken, zogen sie in die Höhe und ließen sie dann zurück auf das Wasser fallen. Die Römer vermochten es angesichts der von Archimedes organisierten Verteidigung nicht, Syrakus mit militärischen Mitteln zu erobern, die Stadt wurde schließlich durch Verrat eingenommen.

Die Römer haben in der Zeit der Republik die militärtechnischen Errungenschaften der hellenistischen Königreiche und Städte übernommen und dann technisch weiterentwickelt. Seit der späten römischen Republik waren die Legionen mit Pfeilkatapulten *(tormenta)* und mit Steinwerfern *(ballistae)* ausgerüstet; ihr Einsatz ist etwa für die Feldzüge Caesars in Gallien gut belegt. Für die Pfeilkatapulte und Steinwerfer waren in den Legionen Spezialisten zuständig; zu ihnen gehörte unter Caesar und Augustus der Architekt Vitruv, der im zehnten Buch von ‹de architectura› auch die Konstruktion von Pfeilkatapulten, Steinwerfern und Rammböcken beschrieben hat.

Einen Überblick über die im römischen Heer eingesetzten Belagerungsgeräte und Katapulte bietet ferner der spätantike Historiker Ammianus Marcellinus in der Darstellung des Feldzuges, den Kaiser Iulian 363 n. Chr. gegen die Perser führte. Er erwähnt das Pfeilkatapult, das hier als *ballista* bezeichnet wird, den Steinwerfer, der in der Spätantike nach dem Wildesel, der bei der Flucht durch Ausschlagen Steine aufwirft, ‹Onager› genannt wurde, und den Rammbock, der aus einem langen, mit Eisen beschlagenen Baumstamm bestand.

In der Principatszeit wurden die Pfeilkatapulte auf einachsige, von zwei Pferden oder Maultieren gezogene Wagen montiert, wie mehrere Abbildungen auf der Traians-Säule zeigen. Nach Vegetius, einem spätantiken Autor, der ein Werk über das römische Militärwesen verfasst hat, besaß jede Centurie einer Legion ein solches Wagenkatapult *(carroballista)*, das von einem *contubernium*, einer Truppe von elf Soldaten, bedient wurde. Ausdrücklich erwähnt Vegetius, dass die Römer solche Pfeilkatapulte im Gefecht einsetzten.

Diese Fernwaffen haben eine große Wirkung erzielt, da die Katapulte in sicherer Entfernung außerhalb der Reichweite feindlicher Geschosse postiert werden konnten, die Feinde hingegen über große Distanzen hinweg von Steinen und Pfeilen getroffen wurden. Vor allem konnten die Legionen in feindlichem Gebiet durch den Einsatz von Katapulten beim Überqueren von Flüssen oder beim Bau von Brücken vor Angriffen geschützt werden. Als im Bürgerkrieg des Jahres 69 n. Chr. die Truppen des Vitellius und des Vespasian bei Bedriacum in Norditalien gegeneinander kämpften, schleuderte ein großer Steinwerfer der Vitellianer schwere Steinblöcke auf die feindliche Schlachtreihe und verursachte so erhebliche Verluste, bis er schließlich unbrauchbar gemacht werden konnte. Bei der Belagerung von Jerusalem im Jahre 70 n. Chr. setzten die Römer in großem Umfang Belagerungsgeräte und Katapulte ein, mit deren Hilfe sie die gut befestigte Stadt einzunehmen vermochten.

Die Entwicklung der römischen Militärtechnik beschränkte sich keineswegs allein auf die Poliorketik und die Katapulte. Die Römer haben Bewaffnung und Ausrüstung der Soldaten seit der Republik immer wieder den neuen Anforderungen angepasst und sie dabei auch durch die Übernahme einzelner Waffen fremder Völker verbessert. Die militärtechnische Überlegenheit der

Römer spielte gerade in den Kämpfen gegen die keltischen Stämme eine entscheidende Rolle; nach Meinung von Polybios war der römische Sieg der Römer über die Kelten bei Telamon 225 v. Chr. wesentlich auf die bessere Bewaffnung zurückzuführen. Die Übernahme des spanischen Schwertes durch die Römer führte im Zweiten Makedonischen Krieg zu schwersten Verletzungen der feindlichen Soldaten.

Bei einer Darstellung der römischen Militärtechnik ist abschließend noch auf zwei Aspekte kurz hinzuweisen: Die römische Armee der Principatszeit verfügte über eine große Zahl von Technikern, die auf Anforderung auch im zivilen Bereich tätig wurden. So hat der Vermessungstechniker Nonius Datus für die Stadt Saldae den Bau eines Tunnels für die Wasserleitung geplant und beaufsichtigt; Straßen und Brücken sind oft unter Beteiligung von Soldaten gebaut worden. Wie auf der Traianssäule zu erkennen ist, spielte bei der Wahrnehmung des Krieges gerade auch das Interesse an der Technik eine erhebliche Rolle: Es werden nicht allein die militärischen Aktionen dargestellt, sondern es wird mit der Donaubrücke des Apollodoros auch eine ingenieurtechnische Meisterleistung ins Bild gesetzt. Dieses Interesse teilte der jüngere Plinius, wie sein Brief an einen Dichter bezeugt, der ein Epos über den Dakerkrieg (101–106 n. Chr.) zu schreiben beabsichtigte: «Du wirst schildern, wie neue Flüsse über die Lande geleitet, neue Brücken über die Flüsse geschlagen, schroffe Berghänge von Kastellen gekrönt wurden, wie ihr König, ohne je zu verzagen, aus seiner Burg verjagt und in den Tod getrieben wurde, überdies die zweimalige Feier des Triumphs.»

Das technische Wissen der Antike – Die technologische Fachliteratur

In der Geschichtsschreibung, in der Dichtung, in der Philosophie und in der Fachliteratur der Antike werden Technik, technische Sachverhalte, Artefakte, Ingenieurbauten und einzelne

Techniker immer wieder erwähnt. Das Interesse der antiken Gesellschaft an der Technik und an einzelnen Erfindungen ist auf diese Weise gut dokumentiert. Die überwiegend positive Sicht der Technik schuf in der Antike ein intellektuelles Klima, das der technischen Entwicklung durchaus förderlich war.

Von besonderer Bedeutung war in diesem Zusammenhang die Herausbildung der technischen Fachliteratur im 4. Jahrhundert v. Chr., die einen großen Umfang besaß, wie die Nennung zahlreicher Autoren, deren Werke nicht überliefert sind, belegt. Die Techniker formulierten in ihren Schriften das technische Wissen ihrer Zeit und schufen auf diese Weise die Voraussetzung für eine Kommunikation zwischen den Technikern, für einen Techniktransfer und für den weiteren technischen Forschritt.

Die technologische Fachliteratur des Hellenismus ist fast vollständig verloren, aber die Erwähnung einzelner Autoren und Schriften in der späteren Literatur macht es möglich, Aussagen über die hellenistischen Autoren zu treffen. Vor allem sind hier Ktesibios, der in Alexandria lebte, und Philon von Byzanz zu erwähnen. Ktesibios verfasste im frühen 3. Jahrhundert v. Chr. Schriften über eine Reihe von Geräten und Apparaten, die das Prinzip des Luftdrucks technisch nutzten; außerdem hat er auch die von ihm konstruierte Wasseruhr beschrieben. Zum Teil waren die von Ktesibios konstruierten Apparate von Nutzen, so die Druckpumpe, die später in etwas veränderter Form auch zum Löschen von Feuer verwendet worden ist, zum Teil dienten sie als Automaten der Unterhaltung. Vitruv, der im späten 1. Jahrhundert v. Chr. die Schriften des Ktesibios kannte, würdigt ihn ausdrücklich als Erfinder und stellt ihn neben Archimedes. Ein umfassendes Werk zu den verschiedenen Gebieten der Mechanik schrieb Philon von Byzanz, der nach Ktesibios als Techniker tätig war.

Für die römische Zeit sind mehrere Autoren zu nennen, deren Schriften überliefert sind: Unter Augustus entstand das Werk des Vitruv über die Architektur; längere Abschnitte widmet Vitruv, der in den Legionen Caesars und des Augustus für die Konstruktion und Instandhaltung der Katapulte und Ballisten zuständig war, dem Bau von Hafenanlagen und Wasserleitungen sowie der Konstruktion von Uhren. Im zehnten Buch von ‹de architectura› werden Geräte und Apparate beschrieben, so die auf den Baustellen eingesetzten Krane, die für den Architekten von besonderer Bedeutung waren; es folgen Kapitel über die Wassermühle, die Wasserschöpfgeräte, die Druckpumpe des Ktesibios und über die Katapulte und Belagerungsgeräte. Wertvoll für unsere Kenntnis der älteren Literatur ist die von Vitruv zusammengestellte Liste der Autoren, die vor seiner Zeit Werke zu den mechanischen Geräten *(de machinationibus)* verfasst haben. Die Einleitungen zu den einzelnen Büchern haben mit dem eigentlichen Thema des folgenden Textes nichts zu tun, sie beleuchten aber gut die Mentalität eines römischen Technikers. So kritisiert Vitruv das Ansehen erfolgreicher Sportler in der Gesellschaft, oder er äußert sich über die Schwierigkeit, ein Fachbuch auf literarisch hohem Niveau zu schreiben. Auch ein Interesse an dem Leben früher Techniker und Gelehrter ist bei Vitruv erkennbar; er berichtet, wie Ktesibios zum ersten Mal entdeckte, dass Luft ein Körper ist, und wie Archimedes das Prinzip des spezifischen Gewichtes nutzte, um einen betrügerischen Goldschmied zu überführen.

Das Werk von Heron, der gegen Mitte des 1. Jahrhunderts n. Chr. in Alexandria tätig war, umfasst die nur in arabischer Sprache überlieferte Darstellung der Mechanik, eine Schrift über die Konstruktion von Automaten, ein Werk über Pneumatik und eines über den Bau von Katapulten und Ballisten. Von Philon aus Byzanz übernahm Heron die Darstellung des Automatentheaters. Pappos von Alexandria berücksichtigt in seiner zu Beginn des 4. Jahrhunderts verfassten Enzyklopädie der Mathematik (‹Synagoge› oder ‹Collectio›) auch die Mechanik; er nennt als Aufgabengebiete der Mechaniker die Konstruktion von Hebegeräten, Katapulten, Schöpfwerken, Automaten und Himmelsgloben.

Einen systematischen Überblick über die stadtrömische Wasserversorgung bietet die Schrift ‹de aquis urbis Romae› (Über die Wasserleitungen der Stadt Rom) des Senators Sextus Iulius Frontinus, der unter Nerva mit der *cura aquarum*, der Aufsicht über die römischen Wasserleitungen, betraut worden war. Dabei geht Frontin nicht allein auf technische Fragen, sondern auch auf die historische Entwicklung der Wasserversorgung in Rom, auf die Verwaltung und auf die Rechtsvorschriften ein, die jegliche Nutzung des Wassers umfassend regelten.

In diesem Zusammenhang ist ferner die Schrift eines unbekannten Autors zu nennen, der in der Spätantike sowohl für die Verwaltung als auch für das Militärwesen eine Reihe von Neuerungen vorschlägt, die das Imperium in die Lage versetzen sollten, sich wirkungsvoll gegen äußere Feinde zu verteidigen. Unter den Vorschlägen des Autors findet sich auch die Anregung für den Bau eines Kriegsschiffes, das von großen, an beiden Bordseiten angebrachten Schaufelrädern vorwärts bewegt werden sollte. Es war vorgesehen, dass Ochsen im Rumpf des Schiffes die Schaufelräder in Bewegung setzen; damit sollte die tierische Muskelkraft als Antrieb dienen. Der Text ist allerdings oberflächlich und ungenau; es bleibt vor allem unklar, auf welche Weise die Bewegung der Ochsen auf die Schaufelräder übertragen werden sollte. Es handelt sich sicherlich um einen bemerkenswerten Einfall, aber nicht um eine technisch ausgereifte Erfindung.

Nicht zur technischen Fachliteratur im engeren Sinn gehört die vor 79 n. Chr. verfasste ‹Naturalis Historia› des Plinius; diese enzyklopädische Darstellung der Natur und ihrer technischen Nutzung durch den Menschen ist hier zu erwähnen, weil Plinius eine große Zahl an Geräten und Verfahren aufführt und so wertvolle Informationen zur antiken Technik bietet, etwa für den Bereich der Landwirtschaft, für die Glasherstellung, den Bergbau und die Metallurgie. In der Spätantike hat Prokop (ca. 500–555 n. Chr.) eine Monographie über die Bautätigkeit von Iustinian verfasst; diese Schrift enthält eine Fülle technischer Details gerade zum Wasserbau, insbesondere zum Hochwasserschutz, zu Wasserleitungen und zum Straßenbau.

Es war für die technologische Fachliteratur der Zeit zwischen Aristoteles und Heron charakteristisch, dass die Wirkung der mechanischen Instrumente mathematisch abgeleitet und auf allgemeine Gesetzmäßigkeiten zurückgeführt wird. Der Hebel wird mit den Eigenschaften einer Balkenwaage und mit den Gesetzmäßigkeiten der Kreisbewegung erklärt. In ähnlicher Weise wird in den Texten zur Pneumatik zuerst nachgewiesen, dass Luft ein Stoff ist und bestimmte Eigenschaften besitzt.

Die antiken Schriften zur Mechanik wurden seit der Renaissance in Europa in großem Umfang rezipiert und gaben so einen wichtigen Anstoß zur Entstehung der neuzeitlichen Mechanik und zu den technischen Entwicklungen der Frühen Neuzeit.

Ein Ausblick – Die Epochen der antiken Technikgeschichte

Wie ein Überblick über die technische Entwicklung der Antike zeigt, gab es einige Phasen in der griechischen und römischen Geschichte, in denen beachtliche Fortschritte in einzelnen Bereichen der Technik festzustellen sind. Dies gilt zunächst für die archaische Zeit. Im späten 7. und im 6. Jahrhundert v. Chr. setzte ein umfassender technischer Wandel ein; nach dem Vorbild der Kulturen in Ägypten und im Vorderen Orient gingen die Griechen zur Verwendung von Stein beim Bau von Tempeln über, schufen überlebensgroße Skulpturen aus Stein und Marmor und entwickelten in der Metallurgie das Hohlgussverfahren, in der Keramik Verfahren zur Herstellung einer Töpferware, die eine hohe Qualität besaß und auch außerhalb Griechenlands verkauft wurde. Neben den Schiffen, die von einer Rudermannschaft vorwärts bewegt wurden, verwendeten die Griechen für Handelsfahrten nun Segelschiffe. Es begann auch der Ausbau der Infrastruktur; die Wasserversorgung der Städte wurde durch den Bau von Leitungen und von Brunnenhäusern wesentlich verbessert. Der Tunnel des Eupalinos auf Samos belegt dabei die außerordentliche technische Kompetenz der Architekten. Zu erwähnen ist ferner die Anlage von Häfen durch den Bau von Molen. In den Quellen zu dieser Zeit werden erstmals Architekten namentlich erwähnt, die in kreativer Weise technische Probleme lösten und stolz auf ihre Leistungen waren.

Als eine zweite Epoche technischen Fortschritts ist der Hellenismus anzusehen. Neben der Konstruktion neuartiger Waffen, die einen erheblichen Einfluss auf die Kriegführung hatten, sind hier die Entwicklungen in der Stadtplanung und in der Architektur zu nennen. Die hellenistischen Architekten akzeptierten keine Grenzen mehr, sie veränderten das natürliche Gelände, um Städte wie Alexandria oder Pergamon zu errichten. In Alexandria wurde die Insel Pharos mit dem Festland verbunden, ein Leuchtturm zur Orientierung der Seeleute errichtet, und am Burgberg von Pergamon schuf man das Terrain für die Repräsentationsbauten der Könige durch Anlage großer Terrassen. Auch der Bau der Druckrohrleitung nach Pergamon gehört in den Kontext der Ausgestaltung einer hellenistischen Residenz.

Mit der Mechanik entstand eine neue Disziplin, deren Aufgabe es war, die Wirkung solcher Instrumente wie Hebel, Rolle, Keil mathematisch zu erfassen und zu erklären. Mit der Erfindung der Schraube war die Voraussetzung für eine deutliche Verbesserung der Pressen gegeben. Die Technik wurde Gegenstand einer Fachliteratur, und gleichzeitig kam es mit der Tätigkeit von Architekten und Mechanikern zu einer Professionalisierung der Technik und einer Herausbildung technischer Eliten.

In der späten Republik und im frühen Principat haben die Bogenkonstruktion, die Verwendung des *opus caementicium* und das Fensterglas die Architektur vollständig verändert. In dieser Zeit haben die Römer den Ausbau der Infrastruktur entschieden vorangetrieben, die Binnenräume wurden durch Straßen erschlossen, die Wasserversorgung durch den Bau von zahlreichen Wasserleitungen in Italien und in den Provinzen wesentlich verbessert. Als technische Innovation von eminenter historischer Bedeutung kann der Beginn der Nutzung der Wasserkraft angesehen werden. Das Aufkommen der Wassermühle stellt in der Geschichte der Energienutzung einen wichtigen Fortschritt dar. Im Bergbau haben die Römer effiziente Wasserschöpfgeräte eingesetzt und konnten so tief liegende Metallvorkommen ausbeuten. Mit der Verwendung von Formschüsseln bei der Herstellung von Terra Sigillata hatte sich nicht nur die Arbeit der Töpfer gewandelt, sondern es war auch eine Form der Serienproduktion möglich geworden. Glas erfuhr seit dem 1. Jahrhundert v. Chr. als Werkstoff durch die Erfindung des Glasblasens und durch die Herstellung von farblosem, durchsichtigen Glas weite Verbreitung. Im Landtransport wurden auf den Straßen der westlichen Provinzen zunehmend Pferde als Zugtiere eingesetzt; auch im Schiffbau und in der Schifffahrt sind Neuerungen feststellbar.

Die Spätantike kann keineswegs als eine Zeit des Niedergangs und Verfalls bewertet werden. Gerade die Architektur – denkt man etwa an den Bau der Kirchen in Rom, Ravenna und Konstantinopel – bezeugt die Fähigkeit der spätantiken Architekten, technische Herausforderungen im Kirchenbau souverän zu meistern. Dies trifft in besonderem Maße für einen Bau wie die Hagia Sophia in Konstantinopel zu, deren Kuppel anders als die des Pantheons über einer Vierung von mächtigen Pfeilern errichtet wurde. Allerdings sind mit den Angriffen und Einfällen der germanischen Stämme in das Imperium Romanum die Grundlagen der antiken Zivilisation weitgehend zerstört worden, und in den germanischen Königreichen, die in den römischen Provinzen und dann auch in Italien entstanden, brach die Kontinuität der zivilisatorischen, wirtschaftlichen und damit auch der technischen Entwicklung ab.

Die mediterrane Welt war in der Antike durchaus nicht von Stagnation geprägt, wie bisweilen angenommen worden ist, sondern kannte bedeutende technische Fortschritte. Als Ursachen der Innovationen können verschiedene Faktoren genannt werden, die in den unterschiedlichen Epochen der Antike eine unterschiedliche Wirkung entfalteten, darunter die Entstehung und das Wachstum der Städte, das Streben der Oberschichten nach einer Verfeinerung des Lebensstils und nach sozialer Distinktion durch demonstrativen Luxuskonsum, die Konkurrenz der Städte und Herrscher im permanenten Kampf um Macht und Prestige sowie die Notwendigkeit, die wachsende Bevölkerung urbaner Zentren mit Nahrungsmitteln, Konsumgütern und Wasser zu versorgen. Damit wurde eine politische, soziale und wirtschaftliche Dynamik ausgelöst, die produktiv auf die Entwicklung der Technik zurückwirkte.

Zeittafel

Um 710 v. Chr.	Das Lehrgedicht des Hesiod über die Landwirtschaft (‹Erga›).
6. Jh.	Bau monumentaler dorischer Tempel in Griechenland.
Mitte 6. Jh.	Bau des Eupalinos-Tunnels auf Samos.
Spätes 6. Jh.	Entwicklung des Hohlguss-Verfahrens.
Um 400	Entwicklung des Katapultes in Syrakus.
384–322	Aristoteles. Die ‹Problemata Mechanika›.
305	Belagerung von Rhodos. Errichtung des Koloss von Rhodos durch Chares aus Lindos.
Etwa 287–212	Archimedes. Die Konstruktion der archimedischen Schraube.
3. Jh.	Die Mechaniker in Alexandreia: Ktesibios und Philon von Byzanz. Schriften zur Pneumatik.
2. Jh.	Bau der Druckrohrleitung zum Burgberg von Pergamon.
1. Jh.	Erfindung des Glasblasens. Herstellung von farblosem Glas.
36	Varro, ‹de re rustica›.
Um 30	Vitruv, ‹de architectura›. Beschreibung der Wassermühle.
27 v. Chr.–14 n. Chr.	Principat des Augustus.
31–54 n. Chr.	Regierungszeit des Claudius. Bau von zwei Wasserleitungen für Rom (Aqua Claudia und Anio novus). Erster Hafen von Portus.
54–68	Regierungszeit Neros. Projekt des Baus eines Kanals durch den Isthmus von Korinth.
Um 70	Columella, ‹de re rustica›.
Vor 79	Plinius, ‹Naturalis Historia›. Erwähnung vieler technischer Neuerungen wie des Gallischen Mähgerätes oder der Schraubenpresse.
1. Jh.	Heron von Alexandreia. Mechanik. Pneumatik. Erwähnung der Schraube und der Schraubenpresse.
97	Sextus Iulius Frontinus *curator aquarum*. Abfassung der Schrift ‹de aquis urbis Romae›
98–117	Traian. Bau der Brücke von Alcantara und der Donaubrücke. Bau des Hafens von Portus. Errichtung des Mühlenkomplexes von Barbegal bei Arelate (Arles).
117–138	Hadrian. Bau des Pantheons.
537	Weihung der Hagia Sophia in Konstantinopel.
Nach 527	Die Bogenstaumauer von Dara.

Weiterführende Literatur

Adam, J.-P., La construction romaine. Materiaux et techniques, Paris 1984.

Amouretti, M.-C., Le pain et l'huile dans la Grèce antique, Paris 1986.

Blanck, H., Das Buch in der Antike, München 1992.

Blümner, H., Technologie und Terminologie der Gewerbe und Künste bei Griechen und Römern, 4 Bde., 1. Bd. 2. Aufl. Leipzig 1912, 2.–4. Bd. Leipzig 1879–1887. ND Hildesheim 1969.

Bol, P. C., Antike Bronzetechnik. Kunst und Handwerk antiker Erzbildner, München 1985.

Brodersen, K., Die Sieben Weltwunder. Legendäre Kunst- und Bauwerke der Antike, 7. Aufl. München 2006.

Burkert, W., Die Griechen und der Orient, München 2003.

Casson, L., Ships and Seamanship in the Ancient World, Princeton 1971.

Cotterell, B., Kamminga, J., Mechanics of pre-industrial technology, Cambridge 1990.

Coulton, J. J., Ancient Greek Architects at Work. Problems of Structure and Design, Ithaca, New York 1977.

Crouch, D. P., Water Management in Ancient Greek Cities, Oxford 1993.

Diels, H., Antike Technik, 2. Aufl. Leipzig 1920.

Domergue, C., Les mines de la péninsule ibérique dans l'antiquité romaine, Rom 1990.

Drachmann, A. G., Große griechische Erfinder, Zürich 1967.

Frei-Stolba, R. (Hrsg.), Siedlung und Verkehr im römischen Reich. Römerstrassen zwischen Herrschaftssicherung und Landschaftsprägung, Bern 2004.

Frontisi-Ducroux, F., Dédale. Mythologie de l'artisan en Grèce ancienne, Paris 1975.

Greene, K., Perspectives on Roman Technology, *Oxford Journal of Archaeology* 9, 1990, 209–219.

Greene, K., Technological Innovation and Economic Progress in the Ancient World: M. I. Finley re-considered, *Economic History Review* 53, 2000, 29–59.

Grewe, K., Licht am Ende des Tunnels. Planung und Trassierung im antiken Tunnelbau, Mainz 1998.

Healy, J. F., Mining and Metallurgy in the Greek and Roman World, London 1978.

Hesberg, H. v., Mechanische Kunstwerke und ihre Bedeutung für die höfische Kunst des frühen Hellenismus, Marburger Winckelmannprogramm 1987.

Hodge, A. T., Roman Aqueducts and Water Supply, London 1992.

Hoffmann, A. u. a. (Hrsg.), Bautechnik der Antike, Mainz 1991.

Höpfner, W., Der Koloss von Rhodos und die Bauten des Helios, Mainz 2003.

Humphrey, J. W. u. a. (Hrsg.), Greek and Roman Technology: A Sourcebook, Annotated translations of Greek and Latin texts and documents, London 1998.

Isager, S., Skydsgaard, J. E., Ancient Greek Agriculture. An introduction, London 1992.
Kaiser, W., König, W. (Hrsg.), Geschichte des Ingenieurs. Ein Beruf in sechs Jahrtausenden, München 2006.
Kiechle, F., Sklavenarbeit und technischer Fortschritt im Römischen Reich, Wiesbaden 1969 (Forschungen zur antiken Sklaverei Bd. 3).
Kienast, H. J., Die Wasserleitung des Eupalinos auf Samos, Bonn 1995.
Landels, J. G., Engineering in the Ancient World, London 1978 (dt. Übersetzung: Die Technik in der antiken Welt, München 1979).
Lauffer, S., Die Bergwerkssklaven von Laureion, 2. Aufl. Wiesbaden 1979 (Forschungen zur antiken Sklaverei Bd. 11).
Lauter, H., Die Architektur des Hellenismus, Darmstadt 1986.
Lendle, O., Texte und Untersuchungen zum technischen Bereich der antiken Poliorketik, Wiesbaden 1983.
Marsden, E. W., Greek and Roman Artillery. Historical Development, Oxford 1969.
Marsden, E. W. Greek and Roman Artillery. Technical Treatises, Oxford 1971.
Matthäus, H., Der Arzt in römischer Zeit. Medizinische Instrumente und Arzneien, Aalen 1989.
Meißner, B., Die technologische Fachliteratur der Antike. Struktur, Überlieferung und Wirkung technischen Wissens in der Antike (ca. 400 v. Chr.–ca. 500 n. Chr.), Berlin 1999.
Moritz, L. A., Grain-Mills and Flour in Classical Antiquity, Oxford 1958.
Müller-Wiener, W., Griechisches Bauwesen in der Antike, München 1988.
Newby, M., Painter, K. (Hrsg.), Roman Glass, Two Centuries of Art and Invention, London 1991.
Nicolet, C. (Hrsg.), Les littératures techniques dans l'antiquité Romaine. Statut, public et destination, tradition, Genf 1996.
Noble, J. V., The Techniques of Painted Attic Pottery, London 1988.
Oleson, J. P., Greek and Roman Mechanical Water Lifting Devices: The History of a Technology, Dordrecht 1984.
Oleson, J. P., Bronze Age, Greek and Roman technology. A Select, Annotated Bibliography, New York 1986.
Peacock, D. P. S., Pottery in the Roman world: an ethnoarchaeological approach, London 1982.
Pekridou-Gorecki, A., Mode im antiken Griechenland, München 1989.
Raepsaet, G., Attelages et techniques de transport dans le monde gréco-romain, Brüssel 2002.
Roberts, C. H., Skeat, T. C., The Birth of the Codex, London 1987.
Saldern, A. von, Antikes Glas, München 2004 (Hdb. der Archäologie).
Scheibler, I., Griechische Töpferkunst. Herstellung, Handel und Gebrauch der antiken Tongefäße, München 1983.
Schneider, H., Das griechische Technikverständnis. Von den Epen Homers bis zu den Anfängen der technologischen Fachliteratur, Darmstadt 1989.
Schneider, H., Die Gaben des Prometheus. Technik im antiken Mittelmeerraum zwischen 750 v. Chr. und 500 n. Chr., in: König, W. (Hrsg.), Propyläen Technikgeschichte Bd. 1, Berlin 1991, S. 17–313.
Schneider, H., Einführung in die antike Technikgeschichte, Darmstadt 1992.

Snodgrass, A. M., Arms and armor of the Greeks, 2. Aufl. Baltimore 1999.
Strong, D., Brown, D. (Hrsg.), Roman Crafts, London 1976.
Tölle-Kastenbein, R., Antike Wasserkultur, München 1990.
Tölle-Kastenbein, R., Das archaische Wasserleitungsnetz für Athen, Mainz 1994.
Wagner, H.-G., Mittelmeerraum, Darmstadt 2001.
Ward-Perkins, J. B., Architektur der Römer, Stuttgart 1975.
White, K. D., Greek and Roman Technology, London 1984.
White, K. D., Roman Farming, London 1970.
Wikander, Ö., Exploitation of water-power or technological stagnation?, Lund 1984.
Wikander, Ö. (Hrsg), Handbook of Ancient Water Technology, Leiden 2000.
Wild, J. P., Textile Manufacture in the Northern Roman Provinces, Cambridge 1970.
Wilson, A., Machines, Power and the Ancient Economy, *Journal of Roman Studies* 92, 2002, 1–32.
Zimmer, G., Griechische Bronzegusswerkstätten. Zur Technologieentwicklung eines antiken Kunsthandwerkes, Mainz 1990.
Zimmer, G., Römische Berufsdarstellungen, Berlin 1982 (Archäologische Forschungen Bd. 12).

Bildnachweis

Umschlaginnenseite vorne: Aus Journal of Roman Studies 60, 1970, 176; *Umschlaginnenseite hinten:* Aus Müller-Wiener, S. 81, Abb. 39; *Abb. 1:* Aus Der Kleine Pauly, Bd. 4, München 1975, Sp. 686; *Abb. 2:* Aus Moritz, S. 45; *Abb. 3:* Aus Moritz, S. 75; *Abb. 4:* Aus Moritz, S. 123; *Abb. 5:* Aus Drachmann, S. 31; *Abb. 6:* Aus Drachmann, S. 36; *Abb. 7:* Aus Tölle-Kastenbein (1990), S. 162, Abb. 103; *Abb. 8:* Aus Bol, S. 129. Abb. 84; *Abb. 9:* Aus Scheibler, S. 101, Abb. 91; *Abb. 10:* Aus Pekridou-Gorecki, S. 22, Abb. 11., 12 a–b; *Abb. 11:* Aus Adam, S. 31; *Abb. 12:* Aus F. Coarelli, Rom. Ein archäologischer Führer, Philipp von Zabern, 2. Aufl. Mainz 2002, S. 284 (Zeichnung Marina Bighellini); *Abb. 13:* Aus R. Tölle-Kastenbein (1990). S. 75, Abb. 49; *Abb. 14:* Aus Herons von Alexandria Druckwerke und Automatentheater, hg. v. Wilhelm Schmidt, Teubner, Leipzig 1899, S. 361, Abb. 86; *Abb. 15:* Aus ebd. S. 425, Abb. 103 b; *Abb. 16:* Aus ebd. S. 230, Abb. 55

Register

Agrippa, Marcus 86, 92
Ägypten, Ägypter 8 f., 22 ff., 27, 36, 45 f., 61, 66, 78, 83 f., 98, 100, 120
Alexandria 79, 83, 103, 106, 117 f., 120
Apollodor von Damaskus 88, 116
Archimedes 46, 110, 114, 117 f.
Archimedische Schraube 45 f.
Architekt 20 f., 67, 69, 72, 83 f. 91, 106 f., 111 f., 118, 120
Archytas von Tarent 101
Aristoteles 15, 17, 19 ff. 101 f., 113, 119
Athen, Athener 24, 43, 48, 58, 90, 107
Augusta Emerita (Mérida) 88, 92, 96
Automat 21, 28 f. 102–106, 110, 117 f.
Baetica, Baetis 11, 45, 78, 80
Bautechnik, Bauwesen 9, 66–72
Belagerungstechnik, Poliorketik 111, 113
Bergbau, Bergwerk 8, 25, 27, 44–48, 119, 121
Bewässerung 10, 23 f., 27, 45 f.
Binnenschifffahrt 80 f.
Blei, Bleiglanz 44, 48, 93
Bogen, Keilsteinbogen 69, 87 f.
Brennstoff 29 f.
Britannia, Britannien 29 f., 73, 79, 89
Bronze, Bronzeguss 8, 12, 44, 54, 56, 109
Brücke 17 f., 69, 74, 87 ff., 115 f.
Brunnen, Brunnenhaus 26, 50, 90 f., 94 f., 120
Buch, Buchrolle 97–100
Cato 33, 40, 49 f.
Chares 56
Chersiphron 67
Claudius, Appius (Censor) 91 f.
Claudius (Kaiser) 83, 92
Codex 99 f.
Columella 19, 34, 39, 41, 73
Dach, Dachkonstruktion 68, 71
Dampf, Dampfkraft 103, 105 f.
Dreschen 27, 33 f.
Druckrohrleitung 44, 91, 93 f., 121
Düngung 19, 34
Eisen 8, 12, 30, 33, 44, 49, 53 f., 56, 58
Energie 7, 26–30, 105
Esel 27, 35 f., 43, 73
Eupalinos 18, 91, 120
Fenster, Fensterglas 62 f., 121
Feuer 9, 14 f., 84, 105
Flachs, Flachsanbau 31, 66
Flaschenzug 72, 102
Frontin 95 f., 118 f.
Gallien 35, 42, 51, 59 ff., 66, 73 f., 80, 86, 114
Gerste 11, 32
Getreide, Getreideanbau 7, 9, 11, 16 f., 23, 27 f., 32–35, 37, 39, 72 ff., 81, 83,
Gewölbe 70 f.
Glas, Glasherstellung 8, 20, 29, 60 ff., 119, 122
Gold 23, 44 f., 54
Hafen, Hafenbau 25 f., 82 f. 91, 117, 120
Handwerk, Handwerker 7, 10, 19 ff., 51–66, 72, 109
Hebel, Hebelgesetz 21, 36, 40, 100 ff., 119, 121
Hellenismus 21, 28, 59, 61, 63, 77, 91, 103, 112 f., 117, 121
Herodot 17 f., 22, 24 f., 53, 82, 84, 91, 97
Heron 28 f., 40 f., 102 f., 105, 118 f.
Hesiod 14, 33
Holz 7, 29 f., 45, 77, 85
Holzfass, Fass 74 f., 80
Holzkohle 7, 11, 29 f.
Homer 10, 13 f., 25, 33, 41, 51, 57, 73, 89, 102, 110
Indien, Indienhandel 64, 80
Kanal 17, 84 f.
Karthager, Karthago (Carthago) 34, 44, 76, 92, 111
Katapult, Torsionskatapult 77, 111–115, 117 f.
Keramik, Keramikproduktion 7, 9, 22 f., 29, 51, 56–60
Kleinasien 47, 50, 66, 85, 92, 113
Korinth 42, 66, 84, 90
Kran 27, 67, 72, 114, 118
Ktesibios 106, 117 f.
Kupfer 8 f., 12, 23, 44, 54
Landtransport 24, 72–76, 80

Landwirtschaft 7 f., 11, 19, 23, 26, 31–33, 43, 49, 119
Laureion 44 f., 48
Leinen 23, 31, 66
Leuchtturm 83, 120
Luft, Luftdruck 103, 106, 117
Marmor 28, 67, 85
Mathematik, Mathematiker 101, 107, 118
Maultier 27, 31, 36, 43, 73 f.
Mechanik, Mechaniker 21, 100 ff., 105, 107, 118, 121
Metagenes 67
Metall 8 f., 23, 29, 33, 51, 111
Metallurgie, Metallverarbeitung 7 f., 15, 22, 29, 51, 53–56, 109, 119
Militärtechnik 110–116
Mühle 8, 27, 36 ff.
Nemausus (Nîmes) 92 ff.
Nonius Datus 116
Ochsen 27 f., 31, 34 f., 42 f., 67, 73 f., 81, 119
Odysseus 13, 18, 41, 73
Öl, Ölbaum, Olive, Olivenöl 11, 39, 41, 57, 60, 72, 78, 102
opus caementicium 70, 121
Orient, Alter Orient, Vorderer Orient 8 f., 22, 24, 45, 60 f., 100, 120
Pantheon 63, 70, 122
Pappos 118
Papyrus 98 f.
Pergament 99
Pergamon 91, 99, 121
Pfeilkatapult 114 f.
Pferd, Pferdezucht 27, 31, 35 f., 41, 43, 73 ff., 122
Pflug, Pflügen 19, 23, 33 ff.
Philon von Byzanz 104, 117 f.
Phoiniker, Phönizien 22, 25, 97, 113
Platon 7, 15, 25, 63, 97
Plinius d. Ältere 18, 35, 40, 49 f., 61, 66, 78, 96, 98 f. 107, 119
Plinius d. Jüngere 85, 116
Pneumatik 105, 118, 120
Pompeji 37, 41, 52, 62 f., 65, 95, 109
Presse 21, 39, 102, 109
Prometheus 14 f., 63, 97
Ptolemaios II. Philadelphos 103
Puteoli 18, 70, 79, 82, 84
Pyramiden 22 ff., 96
Rammbock, Sturmbock 112 f.
Rhodos 56, 79, 113 f.
Rind 23, 31, 42, 50
Rolle 21, 72, 102 f., 121
Rom 37 f., 42, 63, 78 ff., 83 ff. 87, 91 f. 95, 98, 107, 119
Saldae 92 f., 116
Salz 49 ff.
Samos 18, 82, 91, 120
Schaf, Schafzucht, 31, 42, 50, 63 f.
Schiff, Schiffbau 24, 66, 75–83, 120, 122
Schraube 21, 40, 102, 109, 121
Schrift 15, 22 f., 25, 97
Schwein, Schweinezucht 41 f.
Seide 64
Silber 43 ff., 48, 54
Sizilien 74, 79, 111
Sonnenuhr 22, 107
Spanien, Iberische Halbinsel 12, 44 f., 50, 61, 80
Spätantike 27, 35, 63, 71, 115, 119
Straße, Straßenbau 74, 85–89, 116, 119, 121
Syrakus 111 f., 114
Talsperre (Staudamm, Staumauer) 95 f.
Tempel 20, 22, 25, 66 ff., 105 f., 120
Terra Sigillata 59 f., 121
Textilherstellung 7, 31, 42, 52, 63–66
Töpfer, Töpferei 52 f., 56–60, 121
Traian 37, 82 f. 85, 88
Transport, Transportwesen 10, 26 f., 31, 57, 67, 85
Tuchpresse 41
Tunnel 18, 91, 93, 116, 120
Uhr 8, 106 ff., 118
Varro 34, 42
Vieh, Viehzucht 34, 41, 49
Vitruv 28, 37, 72, 82, 94, 106, 109, 114, 117 f.
Waage, Balkenwaage 101, 109, 119
Wagen 24, 27, 73 ff., 89
Wasserhebegerät 21, 23, 27, 45, 118
Wasserkraft 7 f., 28, 121
Wasserleitung 44, 70, 91 ff., 117 f.
Wassermühle 28, 37 f., 118, 121
Wasserversorgung 25, 89–96, 119, 121
Weben, Webstuhl 63 ff.
Wein 39, 57, 72, 78, 102
Werkstatt 20, 51 ff., 72
Werkzeug 7, 13, 26, 44, 51 f.
Winde 21, 100 ff., 112
Wolle 9, 31, 42, 52, 63 f., 66
Xenophon 16, 19, 97
Zahnrad 28, 37, 110
Zeitmessung 106 ff.
Ziegel, Ziegelei 27, 29, 52, 60, 68
Zinn 12, 73
Zisterne 91, 95